답만 외우는

천장크레인 운전기능사
필기 CBT

기출문제 모의고사 **14**회

시대에듀

답만 외우는 천장크레인운전기능사 필기

Always with you

사람이 길에서 우연하게 만나거나 함께 살아가는 것만이 인연은 아니라고 생각합니다.
책을 펴내는 출판사와 그 책을 읽는 독자의 만남도 소중한 인연입니다.
시대에듀는 항상 독자의 마음을 헤아리기 위해 노력하고 있습니다.
늘 독자와 함께하겠습니다.

자격증 · 공무원 · 금융/보험 · 면허증 · 언어/외국어 · 검정고시/독학사 · 기업체/취업
이 시대의 모든 합격! 시대에듀에서 합격하세요!
www.youtube.com ➜ 시대에듀 ➜ 구독

PREFACE

천장크레인은 현대 대규모 건설 현장에서 사용하는 필수 장비로, 특히 조선소, 제철소, 철도공작창, 대형기계 제조업체 등에서 무거운 자재나 금속제품 등을 운반하기 위해 많이 활용된다. 자동화 시스템을 통해 설계된 장비지만, 천장크레인은 운전 시 화물의 낙하로 인해 인명과 재산상 대형사고가 날 위험이 매우 클 수 있으므로, 기본적인 기계 구조의 이해와 안전 운행 및 작업능률 제고 등을 위해 특수한 기술을 갖춘 숙련된 전문 인력이 필요하다. 이에 천장크레인운전을 꿈꾸는 수험생들이 한국산업인력공단에서 실시하는 천장크레인운전기능사 자격시험에 효과적으로 대비할 수 있도록 다음과 같은 특징을 가진 도서를 출간하게 되었다.

본 도서의 특징

1. 자주 출제되는 기출문제의 키워드를 분석하여 정리한 빨간키를 통해 시험에 완벽하게 대비할 수 있다.
2. 정답이 한눈에 보이는 기출복원문제 7회분과 해설 없이 풀어보는 모의고사 7회분으로 구성하여 필기시험을 준비하는 데 부족함이 없도록 하였다.
3. 명쾌한 풀이와 관련 이론까지 꼼꼼하게 정리한 상세한 해설을 통해 문제의 핵심을 파악할 수 있다.

이 책이 천장크레인운전기능사를 준비하는 수험생들에게 합격의 안내자로서 많은 도움이 되기를 바라면서 수험생 모두에게 합격의 영광이 함께하기를 기원하는 바이다.

편저자 올림

시험 안내

개요
천장크레인은 조선소, 제철소, 철도공작창, 대형기계 제조업체 등에서 많이 활용된다. 운전 시 화물의 낙하로 인한 인명과 재산상의 대형사고가 날 위험이 매우 클 수 있으므로 안전 운행과 기계수명 연장 및 작업능률 제고 등을 위해 산업현장에서 필요로 하는 숙련기능이 요구된다.

직무 내용
천장크레인을 이용하여 중량물의 인양작업과 이동작업을 수행하기 위한 가동준비를 하고, 작업안전에 유의하여 운전하며, 유지보수 및 관리를 수행하는 직무이다.

진로 및 전망
- 금속 제조업체, 조선소, 제철소, 철도공작창, 시멘트 제조업체, 대형기계 생산업체 등으로 진출할 수 있다.
- 천장크레인은 주로 제조분야에서 중량물의 제품, 재료 등을 운반할 때 사용된다.

시험일정

구 분	필기원서접수 (인터넷)	필기시험	필기합격 (예정자)발표	실기원서접수	실기시험	최종 합격자 발표일
제1회	1.6~1.9	1.21~1.25	2.6	2.10~2.13	3.15~4.2	4.11
제2회	3.17~3.21	4.5~4.10	4.16	4.21~4.24	5.31~6.15	6.27
제4회	8.25~8.28	9.20~9.25	10.15	10.20~10.23	11.22~12.10	12.19

※ 상기 시험일정은 시행처의 사정에 따라 변경될 수 있으니, www.q-net.or.kr에서 확인하시기 바랍니다.

시험요강

❶ 시행처 : 한국산업인력공단

❷ 시험과목
  ㉠ 필기 : 천장크레인 운전, 안전관리 및 점검
  ㉡ 실기 : 천장크레인 운전 실무

❸ 검정방법
  ㉠ 필기 : 전과목 혼합, 객관식 60문항(60분)
  ㉡ 실기 : 작업형(15분 정도)

❹ 합격기준(필기·실기) : 100점을 만점으로 하여 60점 이상

검정현황

연도	필기			실기		
	응시자	합격자	합격률	응시자	합격자	합격률
2024	2,758	2,214	80.3%	2,058	1,376	66.9%
2023	2,584	2,174	84.1%	2,091	1,279	61.2%
2022	2,037	1,645	80.8%	1,646	1,036	62.9%
2021	2,084	1,625	78%	1,572	978	62.2%
2020	2,142	1,560	72.8%	1,557	977	62.7%
2019	2,660	1,823	68.5%	1,834	1,241	67.7%
2018	2,911	1,980	68%	2,020	1,347	66.7%
2017	2,705	1,787	66.1%	1,922	1,278	66.5%
2016	3,034	1,924	63.4%	2,156	1,468	68.1%
2015	4,035	2,459	60.9%	2,698	1,915	71%

시험 안내

출제기준(필기)

필기 과목명	주요항목	세부항목
천장크레인 운전, 안전관리 및 점검	작업 전 장비점검	줄걸이 용구 점검
		작업 관련 장치 점검
		조종실 점검
		장비 작동 상태 점검
		작업장 안전 및 산업안전
	중량물 체결 확인	줄걸이 용구 이동
		중량물 체결 상태 확인
	중량물 권상작업	작업 안전 상태 확인
		중량물 들어올리기
	중량물 권하작업	작업 안전거리 확인
		중량물 내려놓기
	주행작업	장애요인 확인
		좌 · 우 이동
		주행 시 중량물 제어
	횡행작업	장애요인 확인
		전 · 후 이동
		횡행 시 중량물 제어
	병행작업	인양과 주행, 횡행 동시조작
		병행작업 시 중량물 제어
	작업 후 장비점검	장비 작동 상태 점검
		조종실 점검
		작업 관련 장치 점검
		기계장치 점검
		전기장치 점검
	신호체계 확인	수신호 확인
		무선음성신호 확인
		신호수 안전 확인
		기타 신호 확인

출제기준 (실기)

실기 과목명	주요항목	세부항목
천장크레인 운전 실무	작업 전 장비점검	줄걸이 용구 점검하기
		작업 관련 장치 점검하기
		조종실 점검하기
		장비 작동 상태 점검하기
	중량물 체결 확인	줄걸이 용구 이동하기
		중량물 체결 상태 확인하기
	중량물 권상작업	작업 안전 상태 확인하기
		중량물 들어올리기
	중량물 권하작업	작업 안전거리 확인하기
		중량물 내려놓기
	주행작업	장애요인 확인하기
		좌·우 이동하기
		주행 시 중량물 제어하기
	횡행작업	장애요인 확인하기
		전·후 이동하기
		횡행 시 중량물 제어하기
	병행작업	장애물 확인하기
		인양과 주행 동시 조작하기
		인양과 횡행 동시 조작하기
		주행과 횡행 동시 조작하기
		병행작업 시 중량물 제어하기
	작업 후 장비점검	장비 작동 상태 점검하기
		조종실 점검하기
		작업 관련 장치 점검하기
		기계장치 점검하기
		전기장치 점검하기
	신호체계 확인	수신호 확인하기
		무선음성신호 확인하기
		신호수 안전 확인하기

목 차

빨리보는 간단한 키워드

PART 01 | 기출복원문제

제1회	기출복원문제	003
제2회	기출복원문제	017
제3회	기출복원문제	030
제4회	기출복원문제	044
제5회	기출복원문제	058
제6회	기출복원문제	073
제7회	기출복원문제	087

PART 02 | 모의고사

제1회	모의고사	103
제2회	모의고사	113
제3회	모의고사	124
제4회	모의고사	133
제5회	모의고사	143
제6회	모의고사	153
제7회	모의고사	163

정답 및 해설 · 173

빨간키

빨리보는 간단한 키워드

CHAPTER 01 천장크레인 기계장치

■ **천장크레인**
주행 왕복대에 의해 레일 또는 트랙 위에 직접 지지되는 브리지 거더를 가진 크레인을 말한다.
주행, 횡행, 권상의 3가지 운동으로 짐을 운반하는 장치이다.

■ 천장크레인의 종류는 사용 장소 및 용도에 따라 대별한다.

■ **천장크레인의 성능 표시**
용도, 정격하중, 스팬, 양정, 사용동력 순으로 표시한다.

■ **천장크레인의 규격 표시 '60/40×20m'의 의미**
주권의 권상능력 60t, 보권의 권상 능력 40t, 스팬의 길이 20m임을 의미한다.

■ 천장크레인의 작업능력(1회 작업량)은 권상 톤(t) 수로 표시한다.

■ **정격하중**
크레인의 권상(호이스팅)하중에서 훅, 크래브 또는 버킷 등 달기기구의 중량에 상당하는 하중을 뺀 하중

■ **스팬**
좌우 주행레일 중심 간 거리

■ **양정**
훅이 상한 리밋 스위치가 작동하는 지점에서 하한 리밋 스위치가 작동하는 지점까지의 거리, 즉 훅이 움직일 수 있는 수직거리를 말한다.

■ **크레인의 정격하중 시험**
최초 완성(또는 성능)검사 시와 정기검사 시에 하고, 시험하중은 정격하중의 110%

■ 천장주행 및 갠트리 크레인의 주요 구조부
- 크레인 거더, 교각 및 새들 등의 구조부분
- 원동기
- 브레이크
- 와이어로프 또는 달기체인
- 주요 방호장치
- 훅 등의 달기기구
- 제어반

■ 천장크레인의 3대 주요 장치
권상장치, 주행장치, 횡행장치
※ 5대 주요 부분 : 거더, 새들, 크래브, 운전실, 훅

■ 거더(girder)
정격하중 부하 시 거더의 캠버(camber)는 스팬의 1/800을 초과하지 않는 것이 좋다.

■ 거더의 종류
- I빔 거더 : I형 빔으로 구성된 거더
- 래티스 거더(트러스 거더) : 앵글, 채널 등의 형강을 격자형으로 짜서 만든 거더
- 강관구조 거더 : 플레이트나 형강 대신에 강관을 사용한 것
- 플레이트 거더 : 강판을 I형으로 접합한 것
- 박스 거더 : 거더를 강판으로 용접하여 만든 것(대하중과 편심하중을 받는 데 유리)

■ 동일한 거더 위에 2대 이상의 권상기(호이스트 또는 크래브)를 설치한 경우에는 1대의 크레인으로 본다. 이 경우, 거더 등은 각 권상기의 정격하중을 합산한 하중에 적합한 구조여야 한다.

■ 거더와 새들을 점검하는 방법
- 부재의 균열 유무 확인
- 구조물의 용접부에 균열 또는 결함의 발생 유무 확인
- 취부 볼트의 풀림, 부식 등은 없는지 확인

■ 거더의 처짐 측정
- 거더의 양단이 지지되는 크레인으로서 제조 후 최초검사 시
- 육안으로 볼 때 거더의 처짐이 현저하게 이상이 있을 때

새들
- 새들에는 주행차륜을 설치하고, 거더는 새들 위에 얹어 단단히 체결한다.
- 새들 양끝에는 주행 완충용 스토퍼를 설치하여 충돌 시 충격을 완화한다.

휠베이스(wheel base)
주행차륜 좌우 측 중심 간 수평거리로 $\dfrac{\text{스팬}}{\text{휠베이스}} \leq 8$, 즉 8 이하가 효과적이다.

크래브(crab)
권상 및 횡행장치를 설치하여 레일 위를 왕복 운동하는 대차(권과 방지장치 필요)

크래브를 급정지할 경우의 영향
- 운반물이 횡방향으로 흔들리며 로프에 나쁜 영향을 미친다.
- 충격을 받아 크레인에 무리가 간다.
- 크래브가 충격을 받는다.

조종실(위험기계기구 의무안전인증 고시(고용노동부 고시 제2012-33호))
천장크레인과 일반 호이스트 크레인으로 구분하는 중요한 요소이다.
조종실은 다음과 같은 경우에 설치해야 한다.
- 분진이 현저하게 발산하는 장소에 설치하는 크레인
- 현저하게 저온이 우려되는 장소에 설치하는 크레인
- 옥외에 설치하는 크레인

천장크레인 운전실
- 운전자가 안전운전을 할 수 있도록 충분한 시야를 확보할 수 있는 구조여야 한다.
- 운전실의 제어기에는 작동방향표시가 있어야 한다.
- 운전실에는 적절한 조명을 갖추어야 한다.
- 운전자가 쉽게 조작할 수 있는 위치에 개폐기, 제어기, 브레이크, 경보장치 등을 설치해야 한다.
- 운전자가 안전한 운전을 할 수 있도록 충분한 시야를 확보해야 한다.
- 운전실은 작업바닥 면에서 운전하는 크레인은 제외한다.
- 운전실의 바닥은 미끄러지지 않는 구조여야 한다.

천장크레인 운전실의 전압계가 멈추었을 때 점검해야 할 사항
- 집전자의 이탈 여부 검사
- 주 인입개폐기 점검
- 정전 여부 확인

주행레일 연결부의 틈새
- 천장크레인은 3mm 이하
- 기타 크레인은 5mm 이하
- 주행레일 연결부의 엇갈림은 상하좌우 모두 0.5mm 이하일 것

주행레일의 스팬 편차한계는 다음의 범위 이내일 것
- 스팬이 10m 이하 $\Delta S = \pm 3$mm
- 스팬이 10m 초과 $\Delta S = \pm 3 + 0.25 \times (L - 10)$mm
  (단, 최대 15mm를 초과해서는 안 됨)
  여기서, ΔS : 스팬 편차한계(mm), L : 스팬(m)

주행레일의 높이편차
기준면으로부터 최대 ±10mm 이내이고, 좌우레일의 수평 차는 10mm 이내
레일의 구배량은 주행길이 2m당 2mm를 초과하지 않을 것

횡행장치
하물을 달고 크레인 거더 위를 수평방향으로 이동하는 대차를 크래브 또는 트롤리라 하며, 이 트롤리를 이동시키는 장치

횡행장치의 동력전달 순서
브레이크 장착 전동기 → 커플링(기어 또는 체인식) → 기어 감속기 → 횡행축(라인 샤프트) → 커플링(기어 또는 체인식) → 횡행차륜

천장크레인 권상장치의 주요 구성요소
권상전동기, 기어 감속기, 축 이음부, 브레이크, 치차, 드럼, 시브(도르래), 훅 블록 및 와이어로프 등

권상장치의 동력전달 순서
브레이크 장착 전동기 → 플렉시블 커플링 → 기어 감속기 → 드럼 → 와이어로프 → 훅 블록

축 이음의 종류
- 커플링 : 머프 커플링, 플렉시블 커플링, 플랜지 커플링, 유니버설 조인트, 그리드 커플링, 체인 커플링, 유체 커플링 등
- 클러치 : 맞물림 클러치, 마찰 클러치, 원심 클러치, 일방향 클러치

■ 유니버설 조인트(universal joint, 자재이음)
2개의 혹이 일직선상에 있지 않고 어떤 각도를 가진 두 축 사이에 동력을 전달할 때 사용하는 축 이음으로서 경사각이 커지면 전달효율이 저하되므로 보통 15° 이내로 사용하는 축 이음으로 종류에는 십자형 자재이음(훅 조인트), 플렉시블이음, 볼 앤드 트리니언 자재이음, 등속도(CV) 자재이음 등이 있다.

■ 십자형 자재이음(훅 조인트)
양축이 동일평면 내에 있고, 그 축선이 30° 이하의 각도로 교차하는 경우에 사용하는 축 이음으로서 양축 끝에 각각 요크(yoke)를 부착하고, 이것을 십자형의 핀으로 자유로이 회전할 수 있도록 연결한 축 이음

■ 커플링
- 플렉시블 : 축 이음부에 탄성체(합성고무, 가죽 등)를 이용하는 축 이음으로, 횡행 모터 축에 가장 많이 쓰임(소형 천장크레인의 횡행 모터 축에 주로 사용하는 축 이음으로 체인 커플링이 가장 적절함)
- 올덤 : 평행한 두 축의 각속도 변화 없이 동력 전달
- 유니버설 : 두 축심이 교차되어 교차 각을 가지는 축 이음
- 고정 : 축심이 일치, 연결부가 완전히 고정된 축 이음(원통형, 플랜지형)
※ 플랜지 커플링 : 플랜지 사이를 볼트로 조인 것이며 축의 지름이 75mm 이상의 것에 편리

■ 키(key)
회전체를 축에 고정시켜 회전력을 전달하는 것으로, 급유하지 않음
(전달할 수 있는 토크의 크기 : 스플라인 > 성크 키 > 평 키 > 새들 키)

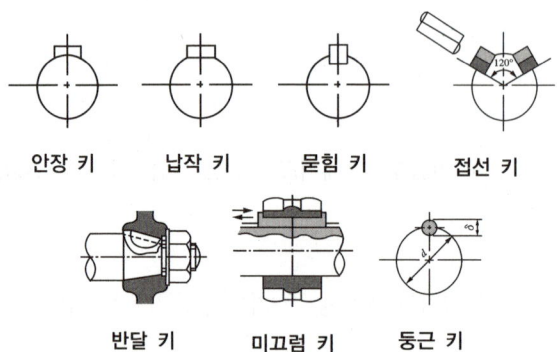

안장 키 　 납작 키 　 묻힘 키 　 접선 키

반달 키 　 미끄럼 키 　 둥근 키

■ 스플라인
키 턱의 수를 4~20개의 원주로 등분하여 만들어 단독 키보다 훨씬 큰 힘을 전달할 수 있으며 내구력이 큰 키
- 큰 토크를 전달할 수 있다.
- 큰 하중의 권상 드럼에 쓰인다.

- 내구력이 크다.
- 축과 보스의 중심축을 정확하게 맞출 수 있다.

■ 안장키(saddle key)
축(shaft)에는 홈을 가공치 않고 보스(boss)에만 홈을 가공하여 축의 표면과 보스의 홈에 모양이 일치하도록 가공하여 박은 키(key)

■ 세레이션 : 축과 보스에 작은 삼각형의 돌기 홈을 이용하여 고정하는 것

■ 베어링 – 하중작용 방향에 따른 분류
- 레이디얼 베어링(radial bearing) : 하중이 축선에 직각으로 작용하는 부분의 베어링
- 스러스트 베어링(thrust bearing) : 하중이 축선 방향으로 작용하는 부분의 베어링

■ 구름 베어링(rolling bearing)
- 두 개의 표면이 전동체(轉動體)에 의해 서로 분리되어 있는 베어링이다.
- 두 개의 궤도륜 사이에 있는 전동체가 굴림 운동을 하며 볼, 원통, 테이퍼 롤러 등의 종류로 분류할 수 있다.

■ 구름 베어링의 장단점
- 장점 : 접촉공간이 넓어 과열의 위험이 적고 기계를 소형화할 수 있다.
- 단점
  - 값이 비싸다.
  - 충격하중에 약하다.
  - 하우징이 크게 되고 설치와 조립이 어렵다.
  - 소음 및 진동이 생기기 쉽다.
  - 전문적인 제작 공정이 필요하다.
  - 부분 수리가 불가능하므로 베어링 전체를 바꿔야 한다.

■ 구름 베어링의 그리스 윤활 시 베어링 전체 공간을 충진하고, 하우징 공간의 $\frac{1}{3}$ 정도 충진하면 약 2,000시간 사용 가능

■ 베어링 호칭번호 23124의 안지름
- 4번째, 5번째 자리가 베어링의 안지름 치수
- 00은 10mm, 01은 12mm, 02는 15mm, 03은 17mm
- 04부터는 5배수가 안지름이므로 24×5 = 120mm

■ 베어링의 온도상승 범위
실온 ±20℃ 이하이며 베어링 자체온도가 100℃까지는 사용이 가능하다.

■ 베어링의 온도상승 원인
- 속도계수의 초과
- 과하중
- 고점도 오일 사용
- 베어링의 조립 또는 베어링하우징 제작 불량인 경우

■ 베어링 세척 시 세척유
솔벤트, 세정유(경유, 등유)

■ 기어
천장크레인의 주행장치를 감속하는 데 사용하는 기계요소

■ 기어와 축의 관계
- 두 축의 교차 : 베벨 기어
- 두 축의 평행 : 스퍼 기어, 헬리컬 기어
- 두 축이 평행도, 교차도 하지 않는 기어 : 웜과 웜 기어

■ 베벨 기어
90°로 교차하고 있는 2개의 축을 연결할 때 사용하는 기어

■ 스퍼 기어
원판 마찰차의 원둘레면 위에 이를 깎은 것으로 평행한 두 축 사이에 일정한 속도비로 회전 운동을 전달하며, 천장크레인에 가장 많이 사용하는 기어

■ 헬리컬 기어
기어 이는 나선형이고 물림이 원활하며 큰 하중과 고속 전동에 주로 쓰이는 기어

■ 웜과 웜 기어
기어의 두 축이 교차하면서 가장 큰 감속비로 감속하는 기어

■ 하이포이드 기어
헬리컬 기어를 사용하고 피니언 중심선상에서 아래쪽으로 설치되어 있는 기어

▍기어의 소음 발생 원인
- 백래시(backlash)가 너무 적을 경우
- 기어 축의 평행도가 나쁠 경우
- 치면에 흠이 있거나 다듬질의 정도가 나쁠 경우
- 피치 오차가 클 경우
- 윤활유가 없거나 부적당한 오일일 경우

▍옥외용 크레인의 감속기어 오일
여름철에는 점도가 높은 것을 사용하며, 겨울철에는 점도가 낮은 것을 사용

▍크레인의 급유
- 윤활유의 선정은 점도, 유막의 강도, 변질 가능성 등을 고려
- 그리스 니플에 급유 시에는 그리스건을 사용
- 집중급유장치는 수동 또는 전동으로 급유관 및 분배변을 통하여 각각의 축 베어링에 일정량을 급유
- 그리스 윤활은 집중급유장치에 비해 급유시간이 길어짐
- 매일 작업하는 크레인의 그리스컵에 대한 점검은 매일 해야 함

▍드럼
- 드럼의 지름(D)은 사용하는 와이어로프의 지름(d)보다 20배 이상이 적합하다(D/d=20배 이상).
- 드럼의 크기는 가능한 한 로프의 전 길이를 1열에 감을 수 있는 것으로 한다.

▍와이어로프의 감기
- 권상장치 등의 드럼에 홈이 있는 경우 플리트 각도는 4° 이내
- 권상장치 등의 드럼에 홈이 없는 경우 플리트 각도는 2° 이내

▍플리트 각(fleet angle)
와이어로프가 드럼에 감기는 방향과 훅 블록 시브 또는 이퀄라이저 시브에 감기는 방향의 각도를 말하며 4° 이내여야 한다.

▍드럼의 마모 한도
- 용접제(홈 부분에 있어) : 로프 지름의 20%까지
- 주철제(홈 부분에 있어) : 로프 지름의 25%까지

■ 권상용 드럼에 와이어로프를 설치하는 방법
- 안전계수가 5 이상인 와이어로프를 사용
- 와이어로프 끝은 시징(seizing)하여 풀리지 않게 함
- 로프 클램프(rope clamp)로 로프가 벗겨지지 않게 누르고 볼트로 조임
- 로프를 드럼에서 최대로 풀 때 드럼에는 2가닥 이상의 로프가 남아 있어야 함
- 로프의 클립은 최소 4개 이상 고정되어 있어야 함

■ 시징
- 와이어의 절단부분 양끝이 되풀리는 것을 방지하기 위해 가는 철사로 묶는 것
- 시징의 길이는 로프 지름의 2~3배이고 클립 간격은 로프 지름의 6배이다.

■ 로프 클램프(rope clamp)
로프가 벗겨지지 않게 누르고 볼트로 조인 것이다.

■ 와이어로프의 구조
- 소선(wire) : 로프를 구성하는 1가닥의 선
- 심강(steel core) : 스트랜드를 구성하는 가장 중심의 소선
- 스트랜드(strand) : 소선을 꼬아 합친 것

■ 와이어로프의 소선은 KS D 3514에 규정된 탄소강에 특수 열처리를 하여 사용하며 인장강도는 $135~180kg/mm^2$이다.

■ 와이어로프 심강에는 섬유심, 공심, 와이어심 등이 있다.

■ 심강을 사용하는 목적
- 충격 하중을 흡수시킨다.
- 스트랜드의 위치를 올바르게 유지한다.
- 소선끼리의 마찰에 의한 마모를 방지한다.
- 부식을 방지한다.

■ 강심(鋼芯) 로프의 선정 시 고려사항
- 큰 절단하중을 필요한 경우
- 신율을 적게 할 필요가 있는 경우
- 고온에서 사용할 경우

■ 스트랜드를 구성하고 있는 소선의 결합에는 점(点), 선(線), 면(面) 접촉 구조의 3가지가 있다.

■ **와이어로프의 호칭**
  명칭, 구성기호(스트랜드 수 × 소선 수), 인장강도, 꼬임 방법, 종별 및 로프의 지름에 의한다.

■ **와이어로프의 킹크**
  • (+) 킹크 : 로프 꼬임이 강해지는 쪽으로 꼬인 것(절단하중 40% 감소)
  • (−) 킹크 : 로프 꼬임이 풀리는 방향으로 생긴 것(절단하중 60% 감소)

■ **와이어로프의 지름 측정법**

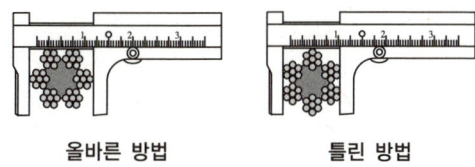

올바른 방법   틀린 방법

■ **크레인의 와이어로프 교체 기준**
  • 한 꼬임에서 끊어진 소선의 수가 10% 이상인 것
  • 지름의 감소가 공칭지름의 7%를 초과하는 것
  • 꼬이거나 심하게 변형된 것
  • 열과 전기충격에 의해 손상된 것

■ **와이어로프의 꼬임 방법과 비교**

구분	보통 꼬임	랭 꼬임
꼬임 방향	소선의 꼬임과 스트랜드 꼬임의 방향이 반대이다.	소선의 꼬임과 스트랜드 꼬임의 방향이 같은 방향이다.
장점	• 킹크를 잘 일으키지 않으므로 취급이 쉽다. • 꼬임이 견고하기 때문에 모양이 잘 흐트러지지 않는다.	• 소선은 긴 거리에 걸쳐서 외부와 접촉을 하므로 로프 내마모성이 크다. • 유연하다.
단점	소선이 짧은 거리에 걸쳐 외부와 접촉하므로 집중적으로 단선을 일으키기 쉽다.	킹크를 일으키기 쉬우므로 취급에 주의가 필요하다.

보통 Z꼬임   보통 S꼬임   랭 Z꼬임   랭 S꼬임

■ 안전계수(안전율) = $\dfrac{\text{절단하중}}{\text{안전하중(정격하중)}}$

■ 와이어로프의 종류별 안전율(위험기계·기구 안전인증 고시 별표 2)

와이어로프의 종류	안전율
• 권상용 와이어로프 • 지브의 기복용 와이어로프 • 횡행용 와이어로프 및 케이블 크레인의 주행용 와이어로프	5.0
• 지브의 지지용 와이어로프 • 보조 로프 및 고정용 와이어로프	4.0
• 케이블 크레인의 주 로프 및 레일로프	2.7
• 운전실 등 권상용 와이어로프	10.0

■ 와이어로프 단말 고정 방법에 따른 이음 효율
- 합금 고정의 효율 : 100%
- 클립 고정의 효율 : 80~85%
- 쐐기 고정의 효율 : 65~70%
- 엮어 넣기 고정의 효율 : 70~95%

■ 와이어로프 지름에 따른 클립 수

로프 지름(mm)	클립 수
16 이하	4개
16 초과 28 이하	5개
28 초과	6개 이상

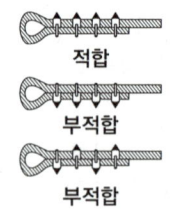

적합

부적합

부적합

■ 와이어로프의 보관상 주의사항
- 습기가 없고 지붕이 있는 곳을 택할 것
- 로프가 직접 지면에 닿지 않도록 침목 등으로 받쳐 30cm 이상의 틈을 유지
- 직사광선이나 열, 해풍 등을 피할 것
- 산이나 황산가스에 주의하여 부식 또는 그리스의 변질을 막을 것
- 한 번 사용한 로프를 보관할 때는 표면에 묻은 모래, 먼지 및 오물 등을 제거 후 로프에 그리스를 바른 후 보관
- 눈에 잘 띄고 사용이 빈번한 장소에 보관

■ 와이어로프용 그리스의 구비조건
- 산, 알칼리, 수분을 함유하지 않을 것
- 휘발성이 아닐 것

- 물에 잘 씻기지 않을 것
- 온도에 변화가 없을 것

▌ 시브(sheave, 활차, 도르래)
시브는 와이어로프를 안내하기 위한 것으로 시브의 홈 중심은 베어링의 중심선과 일치하는 구조로 하고 시브의 지름은 작용하는 와이어로프 지름의 20배 이상이어야 한다.

▌ 크레인에서 사용하는 각종 시브의 주요 점검사항
- 시브 본체는 균열 및 변형 여부
- 시브가 고정 틀에 견고히 고정되어 있는지 여부
- 와이어로프의 이탈 여부
- 시브 홈의 이상 마모 여부
- 시브 홈과 와이어로프 지름의 적정 여부
- 원활한 회전 및 암이나 보스 등의 균열 여부

▌ 섀클에 각인된 SWL의 의미 : 안전작업 하중

▌ 훅 블록 또는 달기기구의 구비조건
- 훅 본체는 균열 또는 변형 등이 없어야 하고, 국부마모는 원 치수의 5% 이내일 것
- 훅 블록 또는 달기기구에는 정격하중이 표기되어 있을 것
- 볼트, 너트 등은 풀림 또는 탈락이 없을 것
- 해지장치는 균열, 변형 등이 없을 것

▌ 훅(hook)
매다는 기구에서 굽힘응력, 전단력, 인장응력의 하중을 받으며, 줄걸이를 통하여 중량물을 직접 현수하는 기구이다.
- 매다는 하중이 50t 이하는 한쪽 현수 훅을 사용하고, 50t 이상인 것은 양쪽 현수 훅을 사용
- 훅 본체는 균열 또는 변형이 없어야 함
- 훅의 재질은 탄소강 단강품이나 기계구조용 탄소강이며, 강도와 연성이 큰 것이 바람직
- 훅의 마모는 와이어로프가 걸리는 부분에 홈이 생기며, 훅의 마모 깊이가 2mm가 되면 평활하게 다듬질함
- 훅 입구의 벌어짐이 20% 이상 되면 교환
- 훅의 안전계수는 5 이상
- 훅의 파괴시험은 정격하중의 5배로 함
- 크레인 훅 개구부의 벌어짐 사용한도는 원래 치수의 5%까지임

▍ 훅의 점검과 관리 방법

- 훅의 마모는 2mm 이상의 홈이 생기면 연삭숫돌로 편평하게 다듬질해야 한다.
- 마모가 5% 이상 되면 교환해야 한다.
- 훅의 균열은 연 1회 균열검사를 해야 한다.
- 점검 후 균열이 발생한 훅 또는 입구의 벌어짐이 원래 치수의 10% 이상인 것은 교환해야 한다(20% 이상은 즉시 교환).

▍ 줄걸이 작업 시 주의사항

- 훅 등의 매다는 도구는 매다는 짐의 중심 위에 위치시킬 것
- 권상·권하 작업 시 급격한 충격을 피할 것
- 매다는 각도는 원칙적으로 60° 이내가 유지되도록 할 것
- 권상·권하 작업 시 안전한가 눈으로 확인할 것

※ 반걸이는 와이어로프를 감지 않고 훅에 걸기 때문에 가장 위험하다.

▍ 줄걸이 작업

눈걸이		모든 줄걸이 작업은 눈걸이를 원칙으로 한다.
짝감아걸이		가는 와이어로프(14mm 이하)일 때 사용한다.
어깨걸이		굵은 와이어로프(16mm 이상)일 때 사용한다.
반걸이		미끄러지기 쉬우므로 엄금한다.

▍ 줄걸이 각도에 따른 장력의 변화

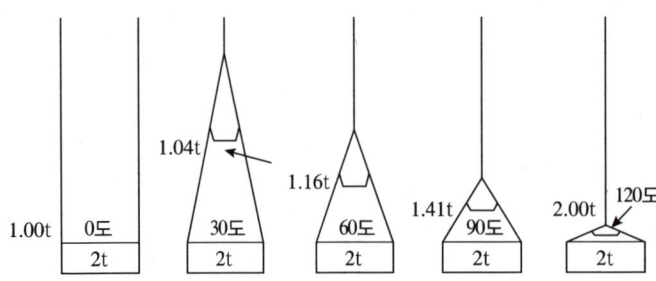

▌ **매다는 체인의 종류**
  스터드 체인, 롱 링크 체인, 숏 링크 체인 등이 있다.

▌ **체인 사용 시 주의사항**
  • 비틀린 상태에서는 사용하지 말 것
  • 높은 곳에서 떨어뜨리지 말 것
  • 화물의 밑에 깔려 있는 체인은 강제로 뽑아내지 말 것
  • 영하의 온도에서 사용할 때는 충격이 가해지지 않도록 할 것
  • 체인의 지름에 따른 마모량이 10%이고 늘어나는 연신율(신장)이 5% 이상이면 교환할 것
  • 체인에 균열이 있는 것은 교환할 것
  • 절손된 체인을 볼트로 끼워서 사용하지 말 것

▌ **힘의 모멘트(M) = 힘(P) × 길이(L)**

▌ **물체의 중량 = 비중 × 부피**

▌ **비중 = $\dfrac{물체의\ 중량}{물체와\ 같은\ 부피의\ 4℃\ 물의\ 중량}$ = $\dfrac{물체의\ 밀도}{물의\ 밀도}$**

▌ **환봉의 중량 = 단면적 × 길이 × 비중**

CHAPTER 02 천장크레인 운전

■ 일상점검 사항
- 브레이크의 작동 상태 확인
- 컨트롤러의 작동 상태 확인
- 각 브레이크 및 리밋 스위치 확인
- 브레이크 라이닝의 마모 상태 확인

■ 주행, 횡행, 권상 등의 일상점검 방법은 무부하로 실시한다.

■ 무부하 운전에 의한 점검사항
- 권과 방지장치 작동 이상 유무 확인
- 주권, 보권 권과 방지장치(상·하한용)
- 브레이크 작동 이상 유무 확인
- 주권 및 보권, 주행, 횡행
- 각 구성품의 이상 유무 확인
- 전동기, 베어링, 감속기 등(이상음, 진동 및 과열 등)

■ 운전 시작 전 점검사항
- 작업 시작 전 운전자는 작업내용과 작업순서에 대해 관계자와 충분히 협의
- 크레인 주행 중에, 혹은 크레인이 이동하는 영역 안에 장애물이 없는지 확인
- 크레인 정지기구 및 레일 클램프와 같은 고정 장치 해제 유무
- 기계실 또는 운전실 내의 각종 레버와 스위치의 이상 유무
- 방호장치의 이상 유무
- 하물을 매달지 않은 무부하 상태에서 시운전을 3회 이상 실시

■ 운전 중 점검사항
- 주행, 횡행 스위치를 작동하기 전에 장애물에 주의
- 중량물은 움직이므로 중량물의 크기 및 이동장소의 장애물에 대해 어떻게 대처해야 하는가를 생각하여 충분한 여유를 두고 운전
- 정격하중 이상의 중량물 권양 금지
- 정지를 위해 역상 제동 금지

- 각 부품 마모 및 수명 연장을 위해 빈번한 시동 정지 자제
- 운전자는 운전 중에 항상 기계 각부의 이상음, 이상 진동, 발열 등을 수시로 확인
- 이상음이나 진동의 발생 또는 작동 등의 변화가 있으면 즉시 작업을 중지하고 관리자에게 보고하여 적절한 조치를 강구할 것

※ 전동기에 전원이 인가되지 않을 때는 과부하 계전기, 집전기, 배선 상태 등의 순으로 점검한다.

과부하 계전기
천장크레인의 전동기 보호를 위해 주로 사용하고 있는 계전기이다.

운전 후 점검사항
- 각 스위치를 정지 위치에 두고 배전반의 스위치를 차단
- 각 브레이크의 제동 상태를 확인
- 각 동작부위의 이완 및 풀림을 주의 깊게 확인
- 각 베어링부, 기어 등을 점검하여 필요 부위에 급유
- 오염된 오일, 먼지 등을 제거
- 전원스위치의 차단을 확인하고 운전실에 시건
- 운전일지를 기록 보관

크레인으로 무거운 물건을 위로 달아 올릴 때 주의사항
- 달아 올릴 화물의 무게를 파악하여 제한하중 이하에서 작업한다.
- 매달린 화물이 불안전하다고 생각될 때는 작업을 중지한다.
- 신호자의 신호에 따라 작업한다.
- 와이어로프는 훅의 중심에 걸고 매다는 각도는 되도록 작게 하는 것이 좋다.
- 지면에서 20cm쯤 위치에서 일단 정지하고 줄걸이 상태를 확인하고 계속 들어 올린다.
- 권상작업 시 줄걸이 와이어가 완전히 힘을 받아 팽팽해지면 일단 정지한다.
- 천장크레인으로 중량물 운반 시 일반적으로 안전한 높이는 지상으로부터 2m이다.

크레인으로 물건을 운반할 때 주의사항
- 규정 무게보다 초과하여 적재하지 않는다.
- 적재물이 떨어지지 않도록 한다.
- 로프 등 안전 여부를 항상 점검한다.
- 선회 작업 시 사람이 다치지 않도록 한다.
- 운반 중 작업자의 위치에 주의한다.
- 운반차는 규정속도를 지킨다.
- 운반 시 시야를 가리지 않는다.

- 승용석이 없는 운반차에는 승차하지 않는다.
- 장비 승·하차 시에는 장비에 장착된 손잡이 및 발판을 사용한다.
- 운반물은 작업자 상부로 운반할 수 없으며 직각운전을 원칙으로 한다.

■ 운반물을 지상에 내릴 때 가장 적절한 운전 방법
- 적당한 높이까지 내린 다음 일단 정지 후 서서히 내린다.
- 지면에 닿기 전 약 30cm 정도에서 일단 정지한다.
- 정해진 위치라도 꼭 신호수의 신호에 따라 내려야 한다.
- 지면에 가까워지면 권하속도를 서서히 줄인다.
- 지상 20~30cm에서 일단정지, 확인 후 물체를 들어 올리며, 정해진 위치에 내려놓기 직전에 일단 정지 후 천천히 바닥에 내려놓는다.

■ 주행운전 방법
- 주행 시작 시 필히 경보를 울려야 한다.
- 진행 중인 방향에 위험물의 유무를 확인하여 주행한다.
- 급격한 주행으로 인해 달려 있는 짐이 흔들리지 않도록 운전해야 한다.
- 천장크레인을 주행 운전할 때는 천천히 안전을 확인하면서 정지 위치까지 작동하도록 한다.
- 주행과 동시에 운반물을 권상 또는 권하하지 않는다.
- 주행로상 장애물이 있을 때에는 주행을 멈춘다.
- 걸어 올리는 화물 위에 사람이 타고 있을 때는 운전을 멈춘다.
- 위험물을 운반할 때는 사이렌을 연속적으로 작동해야 한다.
- 신호수의 신호에 따라 운전해야 한다. 단, 비상시 급정지는 그렇지 않다.
- 마그넷 크레인 운전 시 정전이 되면 운반물을 3분 이내에 안전한 장소에 권하하고 각 컨트롤러를 중립위치로 하고 주 전원을 차단한다.

■ 천장크레인의 도장
도장 면적의 약 10%에 녹 또는 부식이 발생할 때 재도장을 실시하는 것이 적당하다.

■ 풍속
사업주는 순간풍속이 초당 30m를 초과하는 바람이 불어올 우려가 있는 경우 옥외에 설치되어 있는 주행 크레인에 대하여 이탈 방지장치를 작동시키는 등 이탈 방지를 위한 조치를 하여야 한다(산업안전보건기준에 관한 규칙 제140조).

▌ 크레인작업 표준신호지침

- 신호자 지정
  - 천장크레인 신호자는 해당 작업에 대하여 충분한 경험이 있는 자로서 장비 1대에 1인을 지정하게 해야 한다.
  - 여러 명이 동시에 운반물을 훅에 매다는 작업을 할 때에는 작업책임자가 신호자가 되어 지휘해야 한다.
  - 2대 병렬 조종 시에는 작업책임자의 신호에 따라 천장크레인이 안전하게 운행될 수 있게 해야 한다.
- 신호수의 권한
  - 해당 크레인의 운행 및 가동을 정지할 수 있다.
  - 해당 건설기계 작업 계획서 동선 이외의 이동을 금지해야 한다.
  - 조종자는 신호수의 지시에 따라야 하며, 신호수가 배치되지 않거나 시야에서 벗어나면 작업을 중지한다.
  - 모든 관리자 및 근로자는 작업통제 구간 내 진입 시 신호수의 허락을 받아야 한다.

▌ 크레인의 공통적인 표준신호 방법

*호각부는 방법 ▬▬ : 아주길게, ─── : 길게, ▪▪▪ : 짧게, ▬▬ : 강하고 짧게

운전구분	1. 운전자 호출	2. 주권 사용	3. 보권 사용	4. 운전 방향 지시
수신호	호각 등을 사용하여 운전자와 신호자의 주의를 집중시킨다.	주먹을 머리에 대고 떼었다 붙였다 한다.	팔꿈치에 손바닥을 떼었다 붙였다 한다.	집게손가락으로 운전방향을 가리킨다.
호각신호	아주길게 아주길게	짧게 길게	짧게 길게	짧게 길게
운전구분	5. 위로 올리기	6. 천천히 조금씩 위로 올리기	7. 아래로 내리기	8. 천천히 조금씩 아래로 내리기
수신호	집게손가락을 위로 해서 수평원을 크게 그린다.	한 손을 지면과 수평하게 들고 손바닥을 위쪽으로 하여 2, 3회 적게 흔든다.	팔을 아래로 뻗고(손끝이 지면을 향함) 2, 3회 적게 흔든다.	한 손을 지면과 수평하게 들고 손바닥을 지면 쪽으로 하여 2, 3회 적게 흔든다.
호각신호	길게 길게	짧게 짧게	길게 길게	짧게 짧게
운전구분	9. 수평 이동	10. 물건 걸기	11. 정지	12. 비상정지
수신호	손바닥을 움직이고자 하는 방향의 정면으로 하여 움직인다.	양쪽 손을 몸 앞에다 대고 두손을 깍지 낀다.	한 손을 들어올려 주먹 쥔다.	양 손을 들어올려 크게 2, 3회 좌우로 흔든다.
호각신호	강하고 짧게	길게 짧게	아주 길게	아주길게 아주길게

운전구분	13. 작업 완료	14. 뒤집기	15. 천천히 이동	16. 기다려라
수신호	거수경례 또는 양 손을 머리 위에 교차시킨다.	양손을 마주보게 들어서 뒤집으려는 방향으로 2, 3회 절도있게 역전시킨다.	방향을 가리키는 손바닥 밑에 집게손가락을 위로 해서 원을 그린다.	오른쪽으로 왼손을 감싸 2, 3회 적게 흔든다.
호각신호	아주 길게	길게 짧게	짧게 길게	길게
운전구분	17. 신호 불명	18. 기중기의 이상 발생		
수신호	운전자는 손바닥을 안으로 하여 얼굴 앞에서 2, 3회 흔든다.	운전자는 사이렌을 울리거나 한쪽 손의 주먹을 다른 손의 손바닥으로 2, 3회 두드린다.		
호각신호	짧게 짧게	강하게 짧게		

■ 붐이 있는 크레인 작업 시의 신호방법

운전구분	1. 붐 위로 올리기	2. 붐 아래로 내리기	3. 붐을 올려서 짐을 아래로 내리기	4. 붐을 내리고 짐은 올리기
수신호	팔을 펴 엄지손가락을 위로 향하게 한다.	팔을 펴 엄지손가락을 아래로 향하게 한다.	엄지손가락을 위로해서 손바닥을 오므렸다 폈다 한다.	팔을 수평으로 뻗고 엄지손가락을 밑으로 해서 손바닥을 폈다 오므렸다 한다.
호각신호	짧게 짧게	짧게 짧게	짧게 길게	짧게 길게
운전구분	5. 붐을 늘리기	6. 붐을 줄이기		
수신호	두 주먹을 몸허리에 놓고 두 엄지 손가락을 밖으로 향한다.	두 주먹을 몸허리에 놓고 두 엄지 손가락을 서로 안으로 마주 보게 한다.		
호각신호	강하고 짧게	길게 길게		

천장크레인 일반

■ 기계요소 및 기능

기계요소의 종류	대표 부품	주요 기능
체결요소	볼트, 너트, 나사, 리벳	부품 고정
전동요소	기어, 벨트, 체인, 축	동력 전달
지지요소	베어링, 축, 하우징	부품 지지 및 회전 운동 안내
제어요소	스프링, 댐퍼, 클러치, 브레이크	기계 작동 제어
기타 요소	윤활 장치, 밀봉 장치 등	기계 작동 보조(윤활, 밀봉 등)

■ 과부하 방지장치

크레인에 사용 시 정격하중의 110% 이상의 하중이 부하될 때 자동으로 권상, 횡행 및 주행동작이 정지되면서 경보음을 발생하는 장치이다.

■ 과부하 방지장치의 동작 시 그 원인 해소되지 않은 상태에서 단순히 시간이 지남에 따라 자동 복귀되는 일이 없어야 한다.

■ 과부하 방지장치의 구비조건

- 성능검정 합격품일 것
- 정격하중의 1.1배 권상 시 경보와 함께 권상, 횡행, 주행동작 및 과부하를 증가시키는 동작이 불가능한 구조일 것
- 임의로 조정할 수 없도록 봉인되어 있을 것
- 시험 시 풍속은 8.3m/s를 초과하지 않을 것
- 접근이 용이한 장소에 설치해야 하며, 과부하 시 운전자가 용이하게 경보를 들을 수 있을 것

■ 크레인의 권과 방지장치

훅이 계속 감겨 와이어 드럼 하부에 충돌을 하지 못하도록 하는 안전장치이다.

■ 권과 방지장치의 기능

- 전기식 권과 방지장치는 접점이 개방되면 권과가 방지되는 구조여야 한다.
- 직동식 권과 방지장치는 훅 등 달기기구의 상부와 드럼 사이 간격이 0.05m 이상이어야 한다.
- 권과 방지장치는 용이하게 점검할 수 있는 구조여야 한다.
- 권과를 방지하기 위해 자동으로 전동기용 동력을 차단하고 작동을 제동하는 기능을 가져야 한다.

▌ 드럼의 권과 방지장치
- 권과 방지장치는 중추식, 스크루식, 캠식이 주로 사용된다.
- 중추식은 훅(hook)의 접촉에 의거 작동된다.
- 스크루식은 드럼의 회전에 의거 작동된다.
- 캠식은 드럼으로부터 회전을 받아 원판상의 캠판에 배치된 스위치 축에 붙어 작동하여 접점에 개폐를 행한다.

▌ 천장크레인의 비상정지장치
근로자가 크레인을 이용하여 화물을 권상할 때, 위험한 상태에서 작업안전을 위해 급정지시킬 수 있도록 설치되어 있는 일종의 방호장치이다.
- 1정지방식은 기계가 정지한 후에 액추에이터 전원이 차단되는 방식이다.
- 0정지방식은 액추에이터 전원이 즉시 차단되어 기계가 정지하는 방식이다.
- 천장크레인의 비상정지장치는 0정지방식을 원칙으로 한다.
- 0정지방식은 정지신호가 반드시 전용 정지신호배선에 의한 하드와이어드 방식으로 구성해야 한다.

▌ 천장크레인의 비상정지장치 구조
크레인 운전자가 화물을 권상할 때 위험한 상태에서 작업안전을 위해 급정지시키는 비상정지 장치 누름 버튼은 수동 복귀되는 형식이다.
- 모든 크레인에는 비상정지장치를 구비할 것
- 해당 크레인의 비상정지장치를 작동한 경우 작동 중인 동력이 차단될 것
- 스위치의 복귀로 비상정지 조작 직전의 작동이 자동으로 되어서는 아니 되며 반드시 운전조작을 처음의 시동 상태에서 시작하도록 할 것
- 비상정지용 누름 버튼은 적색으로 머리 부분이 돌출되어 있을 것

▌ 레일의 정지기구(stopper)
- 크레인의 횡행레일에는 양끝부분 또는 이에 준하는 장소에 완충장치, 완충재 또는 해당 크레인 횡행 차륜 지름의 4분의 1 이상 높이의 정지기구를 설치해야 한다.
- 크레인의 주행레일에는 양끝부분 또는 이에 준하는 장소에 완충장치, 완충재 또는 해당 크레인 주행 차륜 지름의 2분의 1 이상 높이의 정지기구를 설치해야 한다.
- 크레인의 주행레일에는 차륜 정지기구에 도달하기 전의 위치에 리밋 스위치 등 전기적 정지장치가 설치되어야 한다.
- 횡행 속도가 분당 48m 이상인 크레인의 횡행레일에는 차륜정지 기구에 도달하기 전의 위치에 리밋 스위치 등 전기적 정지장치가 설치되어야 한다.

■ 버퍼 스토퍼(buffer stopper)
천장크레인이 주행이나 횡행 시 충돌할 때 충격을 완화하기 위해 설치하는 장치로 유압, 고무, 스프링 등을 이용하여 충돌 시 충격을 완화하는 장치이다.

■ 제한개폐기(limit switch)
- 리밋 스위치는 천장크레인의 권상·횡행·주행 등 각 장치의 운동에 대한 과행을 방지하는 역할을 한다.
- 리밋 스위치는 중추형(레버식), 스크루형(나사형), 캠형이 있고, 상용(1차 안전장치)과 비상용(2차 안전장치)으로도 구분한다.

■ 권과 방지용 리밋 스위치의 종류
- 나사형(스크루형) : 드럼과 연동하여 나사봉이 회전하면 액추에이터는 권상, 권하 거리에 비례하여 이동하고, 액추에이터가 좌우 극한점에 도달하면 스위치 레버에 의해 회로를 개방하여 전원을 차단한다.
- 캠형 : 드럼과 연동하여 회전을 하고, 원판 모양으로 주위에 배치된 블록 및 오목 캠에 의해 스위치 레버가 작동되는 구조이다.
- 중추형 : 훅의 상승에 의해 중추에 닿아 직접 작동하는 방식으로 작동위치의 오차를 적게 할 수 있으며, 드럼의 회전과 관계없이 와이어로프를 교환한 후 위치의 재조정이 불필요하다.

■ 훅 해지장치
훅에 걸린 와이어로프가 이탈하지 못하도록 설치된 안전장치

■ 산업재해의 분류
- 사망 : 업무상 목숨을 잃게 되는 경우
- 중상해 : 부상으로 인하여 8일 이상의 노동상실을 가져온 상해 정도
- 경상해 : 부상으로 1일 이상 7일 이하의 노동상실을 가져온 상해 정도
- 무상해 사고 : 응급처치 이하의 상처로 작업에 종사하면서 치료를 받는 상해 정도

■ 보호구
- 물체가 떨어지거나 날아올 위험 또는 근로자가 감전되거나 추락할 위험이 있는 작업 : 안전모
- 높이 또는 깊이 2m 이상의 추락할 위험이 있는 장소에서의 작업 : 안전대
- 물체의 낙하·충격, 물체에의 끼임, 감전 또는 정전기의 대전(帶電)에 의한 위험이 있는 작업 : 안전화
- 물체가 날아 흩어질 위험이 있는 작업 : 보안경
- 용접 시 불꽃 또는 물체가 날아 흩어질 위험이 있는 작업 : 보안면
- 감전의 위험이 있는 작업 : 안전장갑
- 고열에 의한 화상 등의 위험이 있는 작업 : 방열복

안전보건표지의 종류와 형태(산업안전보건법 시행규칙 별표 6)

금지표지	출입금지	차량통행금지	물체이동금지	보행금지
경고표지	고압전기 경고	인화성물질 경고	산화성물질 경고	매달린 물체 경고
지시표지	보안경 착용	안전복 착용	방독마스크 착용	안전모 착용
안내표지	응급구호표지	비상구	녹십자표지	들것

화재의 3요소
- 가연성 물질
- 점화원
- 산소

해머 작업 시 안전수칙
- 열처리된 재료는 해머로 때리지 않도록 주의
- 녹이 있는 재료를 작업할 때는 보호안경을 착용
- 자루가 불안정한 것(쐐기가 없는 것 등)은 사용하지 않음
- 해머 작업 시 장갑을 사용하면 해머의 진동으로 손이 미끄러져 사고 우려가 있음

CHAPTER 04 천장크레인 전기장치

■ 전류(A) = $\dfrac{\text{전압(V)}}{\text{저항}(\Omega)}$

■ 직류(DC ; Direct Current)와 교류(AC ; Alternating Current)

구분	특징
직류	• 시간에 따라 전류의 방향이나 전압의 극성 변화가 없다. • 일정한 출력 전압을 가지고 있으므로 측정이 용이하다. • 전하의 이동방향과 극성이 항상 일정하므로 안정성이 있다.
교류	• 시간에 따라 전압의 크기와 전류 방향이 주기적으로 변화한다. • 전압의 크기가 (+)에서 (−)로 변화하므로 증폭이 용이하다.

■ 전압의 구분

구분	직류	교류
저압	1.5kV 이하	1kV 이하
고압	1.5kV 초과 7kV 이하	1kV 초과 7kV 이하
특고압	7kV 초과	

■ 줄(Joule)의 법칙

전류에 의해 발생된 열은 도체의 저항과 전류의 제곱 및 흐르는 시간에 비례한다(= $0.24I^2RT$)는 법칙

■ 플레밍(Fleming)의 법칙

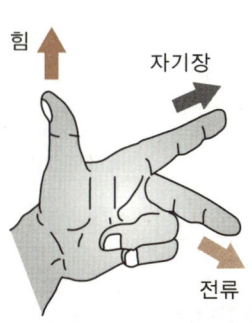

플레밍의 왼손법칙

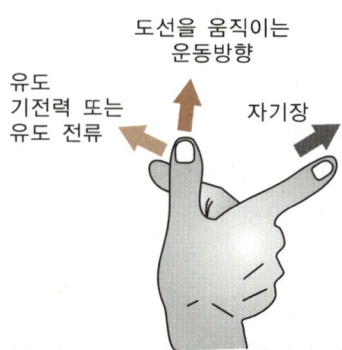

플레밍의 오른손법칙

■ 전기 단위
- V : 볼트(volt)는 전압의 단위
- W : 와트(watt)는 전력의 단위
- A : 암페어(ampere)는 전류의 단위
- Ω : 옴(ohm)은 저항의 단위

■ 전류의 작용
- 발열작용 : 도체 안 저항에 전류가 흐르면 열이 발생(전구, 예열플러그, 전열기 등)
- 화학작용 : 전해액에 전류가 흐르면 화학작용이 발생(축전지, 전기도금 등)
- 자기작용 : 전선이나 코일에 전류가 흐르면 그 주위의 공간에 자기현상 발생(전동기, 발전기, 경음기 등)

■ 천장크레인의 전원공급
- 트롤리선으로 하며 선의 배열 방법에는 수평배열과 수직배열이 있다.
- 트롤리선의 종류는 경동 트롤리선, 황경동 트롤리선, 평동바 트롤리선, 앵글동바 트롤리선, 레일 트롤리선 등이 사용되고 있다.

■ 제어기
- 직접가역제어기 : 전동기의 1차와 2차 제어를 직접 실시한다.
- 마스터 컨트롤러 : 1차의 주 회로를 전자접촉으로 실시하며 전자코일을 제어한다.
- 제어기의 핸들 구조에는 외형에 따라 크랭크식과 레버식이 있으며 주행과 횡행, 주권과 보권 등 두 동작을 한 개의 핸들로 조작하는 것을 유니버설 컨트롤러라 한다.
- 제어조작기구에 따라 드럼형과 캠형이 있으며 제어방식에 따라 직접식 제어기, 반간접식 제어기, 주간식 제어기 등이 있다.

■ 제어기의 고장과 대책
- 스파크가 심할 경우
  - 전동기에 과부하가 걸려있다. → 부하를 적정하게 한다.
  - 핑거 및 접촉판이 거칠다. → 사포로 다듬질한다.
  - 저항기가 부적당하다. → 적정한 것으로 교환 또는 저항치를 수정한다.
- 핸들이 무거울 경우
  - 베어링에 기름이 없다. → 베어링에 급유한다.
  - 핑거의 조정이 불량하다. → 접촉압력이 1.5kg 정도로 되게끔 재조정한다.
  - 이물이 혼입되어 있다. → 점검하여 청소한다.
  - 내부 기구가 부적당하다. → 점검하여 조정한다.

■ 무선 원격제어기는 손을 데면 자동으로 정지위치(off)에 복귀되는 구조여야 하다.

■ **천장크레인 작동 전 가장 먼저 해야 할 일**
  모든 제어기의 노치를 '0'에 두고 메인 스위치를 'on'으로 작동시킨다.

■ **펜던트 스위치**
  • 펜던트 스위치에서는 크레인의 비상정지용 누름 버튼과 종류에 따른 각종 누름 버튼 등이 비치되어 있고 정상적으로 작동해야 한다.
  • 조작용 전기회로의 전압은 교류 대지전압 150V 이하 또는 직류 300V 이하여야 한다.
  • 펜던트 스위치에 접속된 케이블은 꼬임이나 무리한 힘이 가해지지 않도록 보조 와이어로프 등으로 지지되어야 한다.
  • 펜던트 스위치가 절연체가 아닐 경우 크레인과의 사이에 접지선이 연결되어 있어야 한다.
  ※ 천장크레인에는 주행 시 경보를 발생시킬 수 있는 장치를 설치해야 하는데 예외로 하는 경우
      → 펜던트 스위치로 운전하는 크레인

■ **전동기**
  • 전기에너지를 기계에너지로 바꾸는 장치를 전동기라 하며, 직류전동기와 교류전동기가 있다.
  • 직류전동기에는 직권·분권·복권(가동복권, 차동복권)·타여자 전동기가 있다.
  • 교류전동기에는 권선형 유도전동기와 농형 유도전동기가 있다.
  • 전동기의 외형에 따라 개방형, 전폐형, 폐쇄통풍형, 전폐강제통풍형, 방폭형 등이 있다.

■ 천장크레인용으로 주로 사용하는 전동기는 교류권선형 유도전동기로 2차 측 저항의 조정 저항값을 증감함으로써 회전속도를 가감하는 전동기이다.

■ 교류 권선형 유도전동기의 슬립(slip)은 3~5%이다.

■ 슬립 링과 브러시의 접촉 압력은 $0.15~0.3kg/cm^2$이다.

■ 저항기는 저항체의 종류에 따라 권선형, 그리드형, 리본형 등이 있다.

■ 천장크레인용 저항기는 용량이 크고 진동에 강한 그리드형이 적합하다.

■ 저항기의 허용온도가 350℃ 이상이면 점검수리 또는 교환해야 한다.

▌ 전선의 굵기 결정 요인
- 경제성과 전선의 굵기
- 허용전류 : 전선의 연속 허용온도는 90℃를 기준으로 하고, 단시간 허용전류와 연속 허용전류로 구분
- 전압강하
- 기계적 강도 : 인장하중을 고려
- 코로나 방전 : 강심 알루미늄 전선 사용
- 부하 수용 예측

▌ 저압 전로의 절연성능

전로의 사용전압(V)	DC시험전압(V)	절연저항(MΩ)
SELV 및 PELV	250	0.5
FELV를 포함한 500V 이하	500	1.0
500V 초과	1,000	1.0

▌ 천장크레인 운전작업 시 전동기가 발열하는 원인
- 사용빈도가 많을 경우
- 부하가 과대할 경우
- 전압강하가 심할 경우

▌ 전동기가 기동을 하지 않는 원인
- 터미널의 이완
- 단선
- 커넥션의 접촉 불량

▌ 크레인 권상전동기의 소요 동력(kW) = $\dfrac{\text{권상하중} \times \text{속도}}{6.12 \times \text{권상전동기효율}}$

※ 권상하중 = 정격하중 + 훅의 자중

▌ 동력의 단위
마력 1PS = 75kg · m/s = 735W = 0.735kW

▌ 전동기 운전 시 온도상승은 50~60℃까지는 허용된다.

▌ 천장크레인의 주행 브레이크
- 주행용 브레이크는 오일 디스크 브레이크 또는 스러스트 브레이크를 사용한다.
- 주행을 제동하기 위한 제동 토크 값은 전동기 정격 토크의 50% 이상이어야 한다.

▍ 천장크레인의 브레이크 정비
- 브레이크 휠과 라이닝 간격은 보통 브레이크 휠 지름의 $\frac{1}{200}$ 정도 비율
- 권상장치 속도제어용 브레이크 휠과 라이닝의 간격은 1~1.5mm
- 브레이크 휠 림(rim)의 두께 마모한도는 원래 치수의 40% 정도
- 브레이크 휠 면의 요철이 2mm 정도 되면 평활하게 다듬어야 함
- 브레이크 라이닝의 내열온도는 일반적으로 150℃

▍ 제어반
- 무전압 보호장치 : 전원이 차단될 경우 전동기를 보호하고 갑작스러운 재기동을 방지하기 위한 보호장치
- 타임 릴레이 : 어떤 동작에서 다음 동작으로 일정시간 통전되도록 하는 릴레이
- 역상 보호 계전기 : 역상 및 결상 시 전원을 차단하여 기기를 보호하는 장치

▍ 제어반에서 주 전원 차단기 퓨즈가 자주 차단될 때 점검해야 할 사항
- 전선로 상호 간의 절연저항 점검
- 퓨즈 용량이 맞는지 점검
- 과부하 여부 점검

▍ 퓨즈가 끊어져 다시 끼웠을 때도 끊어졌다면 전기장치의 고장개소를 찾아 수리한다.

▍ 배전반 내에 설치된 직접적인 안전장치
- 과전류 계전기 및 퓨즈
- 제어회로용 나이프 스위치 및 퓨즈
- 단락 보호장치

▍ 과전류 계전기
선로 및 전기 기기를 보호하는 계전기에서 과전류가 흐를 때 자동으로 선로를 차단하는 계전기이다.

▍ 집전장치
- 집전장치란 외부로부터 전력을 크레인 내에 도입하는 장치를 말한다.
- 집전장치에는 폴형, 팬터그래프형, 슈형, 고정형, 센터 포스트슬립 링, 케이블 드럼 슬립 링 등이 있다.

■ 집전장치에서 불꽃(spark)의 발생 원인
- 접촉점에서 흐르는 전류가 정격 이상일 때
- 접촉점 간 전압이 높을 때
- 접촉면의 요철이 심할수록
- 교류보다 직류에서 많음
- 주파수가 높을수록 많음

■ 크레인에서 전기 스파크가 일어나면 가장 먼저 메인 스위치를 off로 한다.

■ 집전장치 고장
- 트롤리 고장 : 스파크로 인한 소손 절연체 파손, 통전 알림, 경고등 미작동, 트롤리바 처짐, 직진도 저하, 수평 상태 이상 등
- 집전기(컬렉터) 고장 : 카본 브러시 마모, 스프링 압력 부족으로 인한 전압강하, 스파크 발생 등
- 행거 브래킷(hanger bracket) 고장 : 취부 볼트 파손, 탈락 등

■ 전기장치
- 계기 사용 시 최대 측정범위를 초과해서 사용하지 않는다.
- 전류계는 부하에 직렬로 접속한다.
- 축전지 전원 결선 시 합선되지 않도록 유의한다.
- 절연된 전극이 접지되지 않도록 한다.

■ 전기회로의 측정계기
- 전류테스터 : 전류량 측정
- 저항측정기 : 저항값 측정
- 메거테스터 : 절연저항 측정(절연저항의 단위 : $M\Omega$)
- 멀티테스터 : 전압 및 저항 측정
- 오실로스코프 : 시간에 따른 입력전압의 변화를 화면에 출력하는 장치

■ 예비부품은 사용상 고장 발생률이 많고 마모가 잘 되는 부품의 정비 시간을 효과적으로 단축하기 위해 필요한 물건을 필요한 시기에 언제든지 사용가능한 상태로 준비해 두는 것이다.

■ 천장크레인의 주기적인 정비를 위한 예비품목
브러시와 홀더, 제어기 접점, 브레이크 라이닝, 퓨즈, 램프(전구) 등

PART 01

기출복원문제

제1회~제7회   기출복원문제

합격의 공식 시대에듀 www.sdedu.co.kr

제1회 기출복원문제

01 천장크레인의 용량은 정격하중과 스팬으로 표기하는 것이 보통이지만 한 가지를 더 추가한다면?

① 양정 ✓
② 권상속도
③ 횡행속도
④ 주행속도

[해설]
일반적으로 표시할 때는 정격하중과 스팬이지만 특수한 경우 양정도 표기한다.

02 다음 중 크레인의 훅 블록 또는 달기구의 구비조건이 아닌 것은?

① 훅의 국부 마모는 원 치수의 10% 이내일 것 ✓
② 훅 블록에는 정격하중이 표기되어 있을 것
③ 훅 부의 볼트, 너트 등은 풀림, 탈락이 없을 것
④ 훅 해지장치는 균열, 변형 등이 없을 것

[해설]
훅의 국부 마모는 원 치수의 5% 이내일 것

03 크레인 권상 브레이크의 제동 토크는 정격하중에 상당하는 하중을 걸고 권상 시 권상 토크의 몇 배 이상이어야 하는가?

① 1.5 ✓
② 2
③ 2.5
④ 3

[해설]
제동 토크의 값은 크레인에 정격하중에 상당하는 부하를 달았을 때의 토크 최댓값의 1.5배 이상이어야 한다.

04 크레인의 과부하 방지장치용 시브 피치원 지름과 통과하는 와이어로프 지름의 비는 얼마 이상이어야 하는가?

① 2
② 3
③ 4
④ 5 ✓

[해설]
권상장치 등의 이퀄라이저 시브 피치원 지름과 해당 이퀄라이저 시브(sheave)를 통과하는 와이어로프 지름의 비는 10 이상으로 하고, 과부하 방지장치용 시브 피치원 지름과 해당 시브를 통과하는 와이어로프 지름의 비는 5 이상으로 할 수 있다.

05 천장크레인 구동축의 안전조건과 가장 거리가 먼 것은?

① 축은 변형 또는 마모가 없을 것
② 축에 가공된 키 홈은 균열 또는 변형이 없을 것
③ 축에 사용된 키는 풀림, 빠짐 및 변형이 없을 것
④ **축심은 축의 회전속도와 비례하는 진동을 할 것**

해설
축심은 축을 회전할 때 진동이 없을 것

06 거더 중 부식에 강하며 대 하중, 편심 하중을 받는 데 가장 유리한 것은?

① 플레이트 거더 ② 트러스 거더
③ **박스 거더** ④ 강관구조 거더

해설
박스 거더
거더의 4면을 강판으로 접합하여 박스 모양으로 만든 것으로 내부를 밀폐할 수 있고 공간 이용이 용이하며 부식에 강하다. 또한 기기류를 설치하기 편리하고 큰 하중을 받는 데 유리하다.

07 크레인에 사용하는 훅에 대한 설명 중 틀린 것은?

① 훅의 재질은 단조강을 사용한다.
② **양훅은 일반적으로 소형 크레인(소용량)에 사용한다.**
③ 장기간 사용하면 벤딩, 경화가 일어나므로 일정기간 사용 후 소둔 처리한다.
④ 훅은 사용 상태에 따라 편훅과 양훅이 있다.

해설
매다는 하중이 50t 이상인 것에서는 양쪽 현수 훅이 사용된다.

08 직류전동기가 아닌 것은?

① 분권전동기 ② **농형 유도전동기**
③ 복권전동기 ④ 직권전동기

해설
전동기
• 직류전동기 : 직권, 분권, 복권(가동복권, 차동복권 전동기), 타여자 전동기
• 교류전동기 : 권선형 유도전동기, 농형 유도전동기

09 드럼 홈의 지름은 와이어로프의 공칭지름보다 몇 % 크게 하는 것이 좋은가?

① **10** ② 20
③ 30 ④ 40

해설
드럼 홈의 지름은 와이어로프 공칭지름보다 10% 크며 드럼 지름과 로프 지름의 비는 $D/d = 20$이다.

10 천장크레인 운전실에 대한 설명으로 옳지 않은 것은?

① **거더의 한쪽 끝 상단부에 설치한다.**
② 운전실 내부에는 배전반, 제어기, 브레이크 페달 등이 운전에 편리하도록 배치되어야 한다.
③ 개방형은 단열을 하지 않는다.
④ 밀폐형은 매연, 혹한·혹서 시에 대한 대책을 세울 수 있다.

> **해설**
> 거더의 한쪽 끝 하단부에 설치한다.

11 브레이크 드럼과 라이닝에 대해 기술한 것이다. 틀린 것은?

① **드럼의 제동 면이 과열하면 마찰계수가 증가한다.**
② 드럼과 라이닝의 간격은 드럼 지름의 1/150~1/200이다.
③ 드럼은 열팽창에 의해 지름 변화가 있다.
④ 드럼 제동면의 요철이 2mm에 도달하면 가공 또는 교환해야 한다.

> **해설**
> 드럼의 제동 면이 과열하면 마찰계수는 감소한다.

12 크레인 권상장치용 제한 개폐기(limit switch)에 대한 설명으로 옳은 것은?

① 전기적으로 되어 있으므로 고장이 없다.
② **드럼에 로프가 과권이 될 경우 전류를 차단하여 회전을 정지시키는 장치이다.**
③ 드럼의 회전수를 조정하는 장치이다.
④ 필히 주 전원을 연결하고 조정 작업을 해야 한다.

13 비상정지장치에 대한 설명으로 부적합한 것은?

① 비상시 조작할 경우에만 작동된다.
② 운전자가 조작 가능한 위치에 설치한다.
③ 작동된 경우에는 동력이 차단되어야 한다.
④ **위험구역에 접근하면 자동으로 작동되어야 한다.**

> **해설**
> 근로자가 크레인을 이용하여 화물을 권상시킬 때, 위험한 상태에서 작업안전을 위해 급정지할 수 있도록 설치되어 있는 일종의 방호장치이다.

14 비상정지장치가 작동된 후의 상태가 아닌 것은?

① 주행레버의 작동불능 상태
② 횡행레버의 작동불능 상태
③ 권상레버의 작동불능 상태
④ **모든 조명의 소등 상태**

> **해설**
> 천장크레인의 비상정지스위치를 작동하면 작동 중인 동력이 차단된다.

15 천장크레인 좌우 차륜의 지름 차 한도로 알맞은 것은?

① 구동륜 - 원 치수의 0.3%, 종동륜 - 원 치수의 0.5%
❷ 구동륜 - 원 치수의 0.2%, 종동륜 - 원 치수의 0.5%
③ 구동륜 - 원 치수의 0.3%, 종동륜 - 원 치수의 0.2%
④ 구동륜 - 원 치수의 0.2%, 종동륜 - 원 치수의 0.3%

16 제어기(controller)의 설명으로 옳지 않은 것은?

① 전동기의 1차와 2차 제어를 실시하는 것을 직접 가역제어기라 한다.
❷ 1차 보조회로를 직접 접촉하여 전자코일을 제어하는 것을 마스터 컨트롤러라 한다.
③ 핸들의 외형 구조에 따라 크랭크식과 레버식이 있다.
④ 제어조작기구에 따라 드럼형과 캠형의 두 종류가 있다.

> **해설**
> 마스터 콘트롤러는 1차 주 회로를 전자접촉으로 실시하며 전자코일을 제어한다.

17 전동기에 대한 설명으로 옳지 않은 것은?

❶ 교류전동기는 기동회전력이 크고 부하의 변동에 따라 속도가 변화하는 정출력 특성이 있으므로 크레인의 감아올림, 프로펠러, 팬 등에 사용된다.
② 교류 권선형 유도전동기는 고정자 및 회전자의 양쪽에 권선이 있으며, 이 회전자의 권선에 슬립 링을 통해서 외부저항을 증가하면 부하를 걸었을 때 속도를 가감할 수 있다.
③ 직류전동기에서 전기자는 회전 부분을 가리키며, 코일이 들어가는 슬롯이 있는 성층철심으로 구성된다.
④ 교류전동기 고정자의 슬롯에 넣은 코일은 위상이라는 세 개의 권선을 형성하도록 연결되어 있다.

> **해설**
> ①은 직류전동기에 대한 설명이다.

18 크레인 용어 중 양정을 옳게 설명한 것은?

① 주행레일과 레일의 간격
② 횡행레일과 레일의 간격
③ 건물바닥이나 지상에서 크레인 상면까지의 거리
❹ 상한 리밋 스위치 작동지점부터 하한 리밋 스위치 작동지점까지의 수직거리

> **해설**
> 양정이란 훅, 그래브, 버킷 등의 달기구를 유효하게 올리고 내리는 것이 가능한 상한과 하한과의 수직거리를 말한다.

19 어떤 천장크레인의 시험하중이 110t일 때 이 크레인으로 작업할 수 있는 하중의 범위는?

① 100t 이하 ✓
② 120t 이하
③ 125t 이하
④ 175t 이하

해설
시험하중은 크레인 제작 시 시험(test)용으로 정격하중의 110%의 부하를 걸어 크레인 각 부분의 이상 유무를 검사하는 하중이다.

20 과부하 방지장치의 구비조건이 아닌 것은?

① 성능검정 합격품일 것
② 정격하중의 1.1배 권상 시 경보와 함께 권상, 횡행, 주행 동작이 불가능한 구조일 것
③ 과부하 시 운전자가 용이하게 조정할 수 있는 곳에 설치할 것 ✓
④ 임의로 조정할 수 없도록 봉인되어 있을 것

해설
과부하 방지장치의 구비조건
- 성능검정 합격품일 것
- 정격하중의 1.1배 권상 시 경보와 함께 권상, 횡행, 주행동작 및 과부하를 증가시키는 동작이 불가능한 구조일 것
- 임의로 조정할 수 없도록 봉인되어 있을 것
- 시험 시 풍속은 8.3m/s를 초과하지 않을 것
- 접근이 용이한 장소에 설치해야 하며, 과부하 시 운전자가 용이하게 경보를 들을 수 있을 것

21 저항기에 있어서 중간속도로 장시간 운전할 경우 일어나는 현상에 대한 설명으로 가장 적합한 것은?

① 저항기의 온도가 상승한다. ✓
② 전동기의 온도가 내려간다.
③ 다른 속도의 운전과 전동기 온도는 동일하다.
④ 정격속도로 운전하는 것보다 유리하다.

해설
저항기가 부적당하게 선정되었거나 장시간 운전할 경우 저항기의 온도가 상승한다.

22 천장크레인의 운동속도에 대한 설명 중 틀린 것은?

① 권상장치에서의 속도는 양정이 짧은 것과 권상능력이 큰 것은 빠르게 작동하도록 한다. ✓
② 권상장치에서 속도는 하중이 가벼운 것보다 무거운 것을 느리게 작동하도록 한다.
③ 위험물을 운반할 때에는 가능한 저속으로 운전하는 것이 좋다.
④ 주행속도는 가능한 저속으로 운전하는 것이 좋다.

해설
권상장치에서의 속도는 하중이 가벼우면 빠르게, 무거우면 느리게 작동하도록 한다.

23 다음 중 크레인의 안전작업과 거리가 먼 것은?

① 크레인의 탑승은 지정된 사다리를 이용한다.
② 신호수의 사소한 신호에도 주의를 한다.
③ 정격하중 이상의 중량물 권상을 금지한다.
❹ 크레인의 정지 시 신속한 정지를 위해 역상 제동을 한다.

해설
역상 제동은 전동기를 매우 신속히 정지하기 위해서 두상을 바꾸는 동작으로 작업 중 급속한 제동이 필요할 때 작용하는 것이다.

24 변압기는 어떤 원리를 이용한 전기장치인가?

❶ 전자 유도작용
② 전류의 화학작용
③ 정전 유도작용
④ 전류의 발열작용

해설
변압기는 교류 전압을 다른 전압으로 변환하여 전력을 전달하는 장치로서 전자 유도작용을 기반으로 작동한다.

25 전기기기의 불꽃(spark) 발생을 막기 위한 방법으로 틀린 것은?

① 스위치의 개폐를 신속히 한다.
② 스위치의 접촉면에 먼지나 이물질이 없도록 한다.
③ 접촉면을 매끄럽게 유지한다.
❹ 교류보다 직류를 많이 사용한다.

해설
스파크는 교류보다 직류에서 많고, 주파수가 높을수록 많다.

26 볼베어링에서 볼을 적당한 간격으로 유지하는 것은?

① 부시(bush)
② 레이스(race)
③ 하우징(housing)
❹ 리테이너(retainer)

해설
• 부시(bush) : 파이프 모양으로 된 미끄럼 베어링
• 하우징(housing) : 부품을 수용하는 상자형 부분이나 기구(機構)를 포용하는 프레임 등 모든 기계 장치를 둘러싸고 있는 상자 모양의 부분

27 다음 구름 베어링에 대한 설명으로 틀린 것은?

① 과열의 위험이 적다.
② 마찰계수가 적고 동력 손실이 적다.
③ 윤활유가 적게 들고 급유에 드는 수고가 적다.
④ ✓ 저널의 길이를 짧게 할 수 없다.

해설
구름 베어링의 특징

장점	• 마찰저항이 적어 동력손실이 적다. • 급유가 편리하고 밀봉장치의 교정이 쉽다. • 베어링 저널의 길이를 짧게 할 수 있다. • 과열의 위험이 적고, 기계를 소형화할 수 있다. • 축의 중심을 정확히 유지할 수 있다.
단점	• 값이 비싸고 충격에 약하다. • 축 사이가 매우 짧은 곳에서는 사용할 수 없다.

28 양축이 동일평면 내에 있고, 그 축선이 30° 이하의 각도로 교차하는 경우에 사용하는 축 이음으로서 훅 조인트라고도 하며, 양축 끝에 각각 요크(yoke)를 부착하고, 이것을 십자형의 핀으로 자유로이 회전할 수 있도록 연결한 축 이음은?

① 플렉시블 커플링
② ✓ 자재이음(유니버설 조인트)
③ 올덤 커플링
④ 고정축 이음

29 운전 중 컨트롤러(controller) 베어링에 기름이 마르거나 레버(lever) 조정이 불량할 때 나타나는 현상으로 가장 적합한 것은?

① 스파크가 일어난다.
② ✓ 핸들(레버)이 무겁다.
③ 작동이 안 된다.
④ 정지한다.

30 다음은 전동기 분해순서를 열거한 것이다. 순서대로 바르게 열거한 항목은?

⊙ 외선 커버의 급유용 그리스나 니플과 부속 파이프 및 외선 커버를 분해한다.
ⓒ 고정자와 회전자를 분리한 후 베어링을 뽑는다.
ⓒ 슬립 링 측 측함 커버 취부 볼트를 뽑은 후 슬립 링 측 베어링을 분해한다.
ⓔ 외선 팬을 뽑고 브래킷을 분리한다.

① ㉠-㉡-㉢-㉣
② ㉠-㉢-㉡-㉣
③ ㉣-㉠-㉡-㉢
④ ✓ ㉠-㉢-㉣-㉡

31 크레인 작업종료 시 주의사항으로 틀린 것은?

✓ ① 크레인은 작업을 종료한 위치에 정지시켜 둔다.
② 주 배선용 차단기는 내려놓는다.
③ 전용의 줄걸이 작업 용구를 사용하고 있는 경우는 조정을 소정의 위치에 내려놓는다.
④ 훅 블록은 작업자나 차량의 통행에 지장을 주지 않는 높이까지 권상시켜 둔다.

해설
작업종료 후에는 꼭 소정의 위치에 정지시킨 후 전원을 off한다.

32 다음은 기어에 대해 서로 관계있는 것끼리 묶어 놓았다. 틀린 것은?

① 두 축이 평행 - 헬리컬 기어
✓ ② 두 축이 교차 - 인터널 기어(내 치차)
③ 두 축이 평행도 아니고 교차도 아님 - 평 기어
④ 두 축이 평행 - 스퍼 기어(평치차)

해설
두 축의 교차 - 베벨 기어

33 천장크레인의 자동 도유 장치는 일반적으로 어느 곳에 도유하는가?

① 주행차륜 축
② 주행차륜 보스
✓ ③ 주행차륜 플랜지
④ 주행레일 기어

해설
차륜 도유기는 차륜 플랜지 또는 레일 측면에 소량의 오일을 계속 자동으로 도유하는 기기이다.

34 전기 저항의 설명으로 틀린 것은?

① 물질 속을 전류가 흐르기 쉬운가 어려운가의 정도를 표시하며, 단위는 옴(Ω)이다.
✓ ② 온도 1℃ 상승할 때 변화한 저항 값의 비가 재료의 고유저항 또는 비저항이다.
③ 도체의 저항은 그 길이에 비례하고 단면적에 반비례한다.
④ 도체의 접촉면에 생기는 접촉 저항이 크면 열이 발생하고 전류의 흐름이 떨어진다.

해설
온도 변화에 의한 저항의 변화를 비율로 나타낸 것을 그 저항의 온도계수라 한다.

35 천장크레인에 사용하는 전원은 주로 몇 볼트를 사용하는가?

① 110   ✔ ② 440
③ 540   ④ 640

해설
천장크레인에서 가장 많이 사용하는 전압은 440V이며, 사용가능 전압에는 220V, 440V, 3,300V가 있다.

36 Bearing의 식별기호이다. 안지름에 해당하는 번호는?

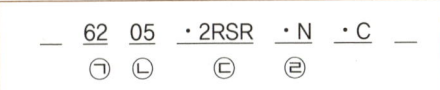

① ㉠   ✔ ② ㉡
③ ㉢   ④ ㉣

37 천장크레인의 급출발, 급정지하면 안 되는 사유와 가장 거리가 먼 것은?

① 크레인에 기계적 무리를 가하지 않도록 하기 위해
✔ ② 갑자기 출발하면 인양 화물의 움직임이 비교적 적으므로
③ 취급 물건이 관성에 의해 심하게 흔들리면 매우 위험하므로
④ 갑자기 과전류가 흘러 전기장치에 무리가 갈 수 있으므로

38 다음 중 브러시를 사용하지 않는 전동기는?

① 직류전동기
② 권선형 유도전동기
③ 정류자 전동기
✔ ④ 농형 유도전동기

해설
권선형 모터에는 2차 권선이 있고, 농형 유도전동기는 브러시를 사용하지 않는다.

39 임시수리에 대해서 기술한 것으로 맞지 않는 것은?

① 순회검사에서 발견한 것으로 수리를 필요로 하는 사항
② 돌발적으로 생긴 고장에 대해 바로 수리를 행하는 사항
③ 정기검사까지의 기간이 길 때 사용 정도에 따라서 중간에 국부적으로 검사 수리하는 사항
✔ ④ 고장이 생기지는 않았으나 운전자가 고장 가능성이 있다고 판단하고 수리하는 사항

해설
고장이 생기지 않아도 고장 가능성에 대비하는 것은 일상점검에 해당한다.

40 운전 전 배전반의 점검 중 가장 옳은 것은?

☑ 파워(power) 램프의 점등을 확인한다.
② 제어기를 운전하여 본다.
③ 그래브의 움직임을 확인한다.
④ 주행, 횡행 시의 요동 또는 속도를 확인한다.

41 와이어로프의 굵기는 무엇으로 나타내는가?

☑ 외접원의 지름
② 원둘레
③ 스트랜드의 지름
④ 내접원의 지름

42 권상용 체인으로 적합하지 않은 것은?

① 안전율이 5 이상일 것
☑ 연결된 5개의 링크를 측정하여 연신율이 제조 당시 길이의 7% 이하일 것
③ 링크 단면의 지름 감소가 해당 체인의 제조 시보다 10% 이하일 것
④ 심한 부식이 없을 것

> **해설**
> 연신율(신장)이 5% 이상이면 교환해야 한다.

43 와이어로프의 교체 시기가 아닌 것은?

① 녹이 생겨 심하게 부식된 것
② 소선의 수가 10% 이상 단선된 것
☑ 공칭지름이 3% 초과 마모된 것
④ 킹크가 생긴 것

> **해설**
> 지름의 감소가 공칭지름의 7%를 초과하는 것

44 천장크레인에서 하중이 40t인 화물을 들어올리기 위해서는 와이어로프를 몇 가닥으로 해야 하는가?(단, 와이어로프의 지름은 20mm, 절단하중은 20t, 자체무게는 0t이며, 안전계수는 7로 한다)

① 2가닥(2줄걸이)
② 8가닥(8줄걸이)
☑ 14가닥(14줄걸이)
④ 20가닥(20줄걸이)

> **해설**
> 최대하중 = $\dfrac{절단하중}{안전계수} = \dfrac{20}{7} ≒ 3$
> $\dfrac{40t}{3} = 13.33 \rightarrow$ 14줄걸이가 된다.

45 와이어로프 1줄걸이 방법의 특징으로 틀린 것은?

① 짐의 중심 잡기가 용이하다. ✓
② 작업이 용이하고 회전이 쉽다.
③ 달아 올리는 순간 짐이 돌거나 이동하기 쉽다.
④ 짐이 한쪽으로 치우치면 동여 맨 로프에서 짐이 빠져 떨어질 위험이 있다.

해설
1줄걸이
하물이 회전할 위험이 상존하며 회전에 의해 로프 꼬임이 풀려 약해질 수 있으므로 원칙적으로는 적용을 금지한다.

46 가로 3m, 세로 2m, 높이 1m인 구리의 무게는 몇 톤(t)인가?(단, 구리의 비중은 9로 한다)

① 0.54   ② 5.4
③ 54 ✓ ④ 540

해설
중량 = 가로(cm) × 세로(cm) × 높이(cm) × $\dfrac{비중}{1,000}$

= $300 \times 200 \times 100 \times \dfrac{9}{1,000}$

= 54,000kg = 54t

47 와이어로프 구성기호 6×19의 설명으로 옳은 것은?

① 6은 소선 수, 19는 스트랜드 수
② 6은 안전계수, 19는 절단하중
③ 6은 스트랜드 수, 19는 절단하중
④ 6은 스트랜드 수, 19는 소선 수 ✓

해설
와이어로프 구성기호 6×19는 굵은 가닥(스트랜드)이 6줄이고, 작은 소선 가닥이 19줄이다.

48 줄걸이 작업 시 기본적인 주의사항으로 틀린 것은?

① 줄걸이 작업 중 훅은 운반물체의 중심 위에 위치시킬 것
② 권하 작업 시 급격한 충격을 피할 것
③ 줄걸이 각도는 원칙적으로 60° 이상으로 할 것 ✓
④ 권하 작업 시 안전사항을 눈으로 확인할 것

해설
훅에 로프를 거는 각도는 60° 이내를 유지한다.

49 크레인용 와이어로프에 대한 설명으로 틀린 것은?

① 와이어로프의 재질은 탄소강이며 소선의 강도는 135~180kg/mm² 정도이다.
② 고열 작업용으로 스트랜드 한 줄을 심으로 하여 만든 로프도 있다.
✓③ 와이어로프의 꼬기와 스트랜드의 꼬기 방향이 반대인 것을 랭 꼬임이라 한다.
④ 랭 꼬임이 보통 꼬임보다 손상률이 적으며, 장시간 사용에도 잘 견딘다.

> [해설]
> 소선의 꼬임과 스트랜드 꼬임 방향이 반대인 것은 보통 꼬임이라 하고, 소선의 꼬임과 스트랜드의 꼬임 방향이 같으면 랭 꼬임이라 한다.

50 와이어로프 작업자가 줄걸이 작업을 실시할 때 짐의 중량에 따른 안전작업 방법이 아닌 것은?

✓① 짐의 중량을 어림짐작하여 작업한다.
② 정격하중을 넘는 무게의 짐을 매달지 않는다.
③ 상례적으로 정해진 짐의 전문적인 줄걸이 용구를 만들어 작업한다.
④ 짐의 중량 판단에 자신이 없을 때는 상급자에게 문의해 작업한다.

> [해설]
> 짐의 모양과 크기, 재료 등을 고려하여 정확한 눈짐작으로 과도한 하중으로 인해 크레인 등에 손상을 주거나 의외의 사고를 유발하는 일이 없도록 주의해야 한다.

51 안전보건표지의 종류와 형태에서 그림의 안전표지판이 나타내는 것은?

① 병원 표지   ② 비상구 표지
✓③ 녹십자 표지   ④ 안전지대 표지

> [해설]
> 안전보건표지의 종류와 형태
>
> | 응급구호 표지 | 비상구 표지 |
> |---|---|
> | ✚ | 🏃 |

52 해머 사용 시 주의사항이 아닌 것은?

① 쐐기를 박아서 자루가 단단한 것을 사용한다.
② 기름이 묻은 손으로 자루를 잡지 않는다.
③ 타격면이 닳아 경사진 것은 사용하지 않는다.
✓④ 처음에는 크게 휘두르고, 차차 작게 휘두른다.

> [해설]
> 해머로 타격할 때에는 처음과 마지막에는 힘을 많이 가하지 말아야 한다.

53 훅(hook)의 마모는 와이어로프가 걸리는 곳에 흠이 생기는 것인데 마모의 깊이가 몇 mm가 되면 평활하게 다듬질해야 하는가?

① 0.5   ❷ 2
③ 3   ④ 5

[해설]
훅의 마모는 와이어로프가 걸리는 곳에 2mm의 홈이 생기면 그라인딩한다.

54 볼트머리나 너트의 크기가 명확하지 않을 때나 가볍게 조이고 풀 때 사용하며 크기는 전체 길이로 표시하는 렌치는?

① 소켓 렌치   ❷ 조정 렌치
③ 복스 렌치   ④ 파이프 렌치

55 정비작업 시 안전에 가장 위배되는 것은?

① 깨끗하고 먼지가 없는 작업환경을 조성한다.
② 회전 부분에 옷이나 손에 닿지 않도록 한다.
❸ 연료를 채운 상태에서 연료통을 용접한다.
④ 가연성 물질을 취급 시 소화기를 준비한다.

[해설]
연료를 비운 상태에서 연료통을 용접한다.

56 다음 중 기계작업 시 적절한 안전거리를 가장 크게 유지해야 하는 것은?

① 프레스   ② 선반
③ 절단기   ❹ 전동 띠톱기계

57 구급처치 중에서 환자의 상태를 확인하는 사항과 가장 거리가 먼 것은?

① 의식　　② 상처
③ 출혈　　**④ 격리**

> **해설**
> 부상자나 환자를 발견하면 우선 출혈 정도나 구토물, 의식, 호흡, 맥박의 유무를 관찰한다.

58 공장에서 엔진 등 중량물을 이동하려고 한다. 가장 좋은 방법은?

① 여러 사람이 들고 조용히 움직인다.
② 체인 블록이나 호이스트를 사용한다.
③ 로프로 묶어 인력으로 당긴다.
④ 지렛대를 이용하여 움직인다.

59 화재의 분류가 옳게 된 것은?

① A급 화재 : 일반 가연물 화재
② B급 화재 : 금속 화재
③ C급 화재 : 유류 화재
④ D급 화재 : 전기 화재

> **해설**
> **화재의 분류**
> • A급 화재 : 일반 화재
> • B급 화재 : 유류 화재
> • C급 화재 : 전기 화재
> • D급 화재 : 금속 화재

60 중량물을 들어 올리거나 내릴 때 손이나 발이 중량물과 지면 등에 끼어 발생하는 재해는?

① 떨어짐　　② 부딪힘
③ 뒤집힘　　**④ 끼임**

> **해설**
> **재해형태별 분류**
> • 맞음 : 날아오거나 떨어진 물체에 맞음
> • 부딪힘 : 물체에 부딪힘
> • 넘어짐(사람) : 사람이 미끄러지거나 넘어짐
> • 끼임 : 기계설비에 끼이거나 감김

기출복원문제

01 마그넷 브레이크 점검결과 라이닝 두께가 30% 감소되었을 때 조치방법으로 가장 적절한 것은?

① **스트로크를 조정한다.**
② 라이닝을 교환한다.
③ 브레이크 드럼 지름을 크게 한다.
④ 마모 한도에 달할 때까지 계속 사용한다.

해설
브레이크 라이닝 두께의 마모 한도가 50%까지이므로 30% 감소되면 스트로크를 조정한 후 재사용한다.

02 와이어로프 지름(d)과 드럼 지름(D)의 최소 비율(D/d)은?

① 10 ② 15
③ **20** ④ 30

해설
드럼 지름(D)과 와이어로프 지름(d)의 양호한 비율(D/d)은 20 이상이다.

03 리밋 스위치(limit S/W)에 대한 설명 중 틀린 것은?

① 보통 권상장치에 사용하나, 필요에 따라 주·횡행에도 설치·사용할 수 있다.
② 권하 시 리밋 스위치가 작동하는 지점은 드럼에 와이어로프가 약 3바퀴 정도 남아 있는 지점이다.
③ 비상용 리밋 스위치는 상용 리밋 스위치가 고장이 났을 때 작동하는 것이다.
④ **횡행 리밋 스위치는 중추식이 이용된다.**

해설
중추형 리밋 스위치
훅의 접촉으로 인하여 작동하는 비상용 리밋 스위치로 훅의 과상승 방지용으로 사용한다.

04 천장크레인에서 일반적으로 가장 널리 사용하는 차륜 구동방식으로 맞는 것은?

① 1륜과 3륜 ② 3륜과 6륜
③ 5륜과 7륜 ④ **2륜과 4륜**

해설
천장크레인의 차륜은 8륜으로서 4륜 구동방식과 4륜으로서 2륜 구동방식이 있다.

05 크레인에서 횡행속도가 얼마 이상일 경우 횡행레일의 차륜 정지기구에 리밋 스위치 등 전기적 정지장치를 설치해야 하는가?

① 20m/min 이상   ② 32m/min 이상
③ 40m/min 이상   ✓④ 48m/min 이상

해설
횡행속도가 분당 48m 이상인 크레인의 횡행레일에는 차륜정지 기구에 도달하기 전의 위치에 리밋 스위치 등 전기적 정지장치가 설치되어야 한다.

06 천장크레인에 설치되어 있는 통로에 관한 설명으로 틀린 것은?

① 통로의 바닥면은 미끄러지거나 넘어질 위험이 없어야 한다.
✓② 통로의 폭은 40cm 이하로 해야 한다.
③ 통로에는 바닥면으로부터 높이 90cm 이상의 안전난간이 설치되어야 한다.
④ 통로에는 바닥면으로부터 높이 10cm 이상의 발끝막이 판이 설치되어야 한다.

해설
천장크레인, 갠트리크레인 및 언로더에 있어서는 정격하중이 3t 이상의 크레인 거더 및 지브크레인 등의 지브에는 폭 40cm 이상의 보도를 전 길이에 걸쳐서 설치하여야 한다. 단, 점검대 기타 해당 크레인을 점검할 수 있는 설비가 구비되어 있는 것은 제외할 수 있다.

07 와이어로프의 지름이 20mm인 경우 한국산업표준에서 정하고 있는 제조 시 지름의 허용차는 얼마인가?

① -7~0%   ✓② 0~+7%
③ -5~0%   ④ 0~+5%

해설
와이어로프 지름의 허용차는 지름 10mm 미만은 공칭지름에 대하여 0~+10%로 하고, 지름 10mm 이상은 0~+7%로 한다.

08 훅(hook)에 대한 내용 중 틀린 것은?

✓① 보통 50t 이상일 때 한쪽 현수 훅을 사용하고 그 이하일 때 양쪽 현수 훅을 사용한다.
② 훅에는 와이어로프 슬링, 와이어로프 걸이용 기구 등이 이탈하는 것을 방지하는 해지장치가 부착되어야 한다.
③ 훅의 강도는 각 부분에 인장하중, 압축하중, 전단하중이 걸리므로 그 응력을 이겨내는 강도를 필요로 하므로 안전계수 5 이상의 것을 사용한다.
④ 훅 사용 중에 줄걸이 부분의 마모는 원 치수의 5% 이하이고 2mm 이하일 때는 다듬어서 사용한다.

해설
매다는 하중이 50t 이하는 한쪽 현수 훅을 사용하고 50t 이상인 것은 양쪽 현수 훅을 사용한다.

09 천장주행크레인의 크래브(crab) 프레임 위에 설치하는 기계 구성품이 아닌 것은?

① 드럼
② 권상용 전동기
③ 횡행용 전동기
☑ ④ 주행용 전동기

10 사용 중인 천장크레인에서 저항기의 발열 온도는 몇 ℃까지 허용되는가?

① 150   ② 250
☑ ③ 350   ④ 550

> [해설]
> 천장크레인 운전 중 저항기의 허용온도는 약 350℃이다.

11 천장크레인 배전반의 설치목적이 아닌 것은?

① 전동기 보호
② 전동기 제어
☑ ③ 발전기 구동제어
④ 전원의 개폐

> [해설]
> 배전반은 전동기 보호 및 제어와 전원의 개폐를 목적으로 한 것이다.

12 전자 브레이크 라이닝 20% 마모 시 상태를 가장 올바르게 표현한 것은?

① 전자석이 손상될 염려가 있다.
② 브레이크 드럼과 라이닝의 간격이 좁아진다.
☑ ③ 사용 가능 범위에 있는 상태이므로 정상 사용이 가능하다.
④ 브레이크 드럼의 면이 손상될 우려가 있다.

> [해설]
> 브레이크 라이닝의 마모 한도는 50%이다.

13 일반적으로 차륜의 재료로 사용하지 않는 것은?

① 주철   ② 주강
③ 특수 주강 ☑ ④ 구리

> [해설]
> 구리는 전성·연성이 풍부하여 얇은 판과 선(線) 제조에 적당하며 전선·전기기구 등에 다량 사용된다.

14 천장크레인 주행장치의 동력전달부분에 관한 설명으로 틀린 것은?

① 단일전동기로서 단일감소기어 케이스에 출력을 공급하는 구조를 중앙기어 케이스 구동식이라 한다.
❷ 출력축이 전동기 양쪽으로 연결된 2중 전동기를 사용하는 것을 중앙전동기 구동식이라 한다.
③ 중앙전동기 구동과 중앙기어 케이스의 복합형태를 이중기어 케이스 구동식이라 한다.
④ 독립륜 구동식은 2개의 전동기가 각각 독립적으로 설치되어 있다.

> **해설**
> 출력축이 전동기 양쪽으로 연결된 단일 전동기를 사용하는 것을 중앙전동기 구동식이라 한다.

15 크레인에 과부하 방지장치(안전밸브)를 부착 시 해당하는 내용이 아닌 것은?

① 법 규정에 의한 안전인증품일 것
② 정격하중의 1.1배 권상 시 경보와 함께 권상작동이 정지될 것
❸ 선회, 횡행 및 주행 작동이 가능한 구조일 것
④ 임의로 조정할 수 없도록 봉인되어 있을 것

> **해설**
> 정격하중의 1.1배 권상 시 경보와 함께 권상, 횡행, 주행 동작이 불가능한 구조일 것

16 천장크레인의 비상정지장치에 대한 설명 중 틀린 것은?

❶ 비상정지장치가 작동되어도 권하 동작만은 중지되지 아니한다.
② 비상정지장치의 누름 버튼은 돌출형이고 적색이어야 한다.
③ 비상정지장치는 접근이 용이한 곳에 배치되어야 한다.
④ 비상정지장치가 작동된 경우 수동으로 전원을 복귀시키는 구조여야 한다.

> **해설**
> 해당 크레인의 비상정지장치를 작동한 경우 작동 중인 동력이 차단될 것

17 양정이 50m를 넘는 천장크레인의 사용하중 결정법으로 가장 적당한 것은?

① 와이어로프의 절단하중을 정격하중으로 한다.
② 와이어로프의 안전율은 정격하중에 훅과 블록의 무게만을 고려하여 정한다.
❸ 와이어로프의 안전율은 정격하중에 훅, 블록 및 로프 중량까지를 고려하여 정한다.
④ 와이어로프의 안전율은 와이어로프의 절단하중에 대해 정격하중을 2~3으로 하는 것이 적당하다.

18 와이어로프를 드럼에서 최대로 풀었을 때 드럼에 최소 몇 바퀴 이상 남겨 놓아야 하는가?

① 1바퀴　　❷ 2바퀴
③ 4바퀴　　④ 6바퀴

해설
크레인 장비의 드럼에 감겨진 와이어로프를 드럼에서 최대로 풀었을 때 드럼에 적어도 두 바퀴 이상 남아 있어야 한다.

19 전동기 브러시의 마모 한도는 원 치수의 몇 % 이하여야 하는가?

① 20　　② 30
③ 40　　❹ 50

해설
브러시는 이상 마모가 없어야 하며 마모 한도는 원 치수의 50% 이하일 것

20 와이어로프 등이 훅으로부터 이탈하는 것을 방지하는 안전장치는?

① 훅 고정장치　　❷ 훅 해지장치
③ 로프 고정장치　④ 로프 해지장치

해설
훅에는 와이어로프 등이 이탈하는 것을 방지하는 해지장치가 부착되어야 한다.

21 천장크레인에서 리모컨 크레인의 작업에 대해 설명한 것으로 틀린 것은?

① 걸어가면서 운전하는 경우는 안전통로를 이용한다.
② 화장실 용무 등 운전을 일시 정지할 경우는 제어기의 전원스위치를 끈다.
❸ 리모컨 크레인은 운전시작 전 제어기의 제어 방향과 해당 크레인의 작동 방향과의 일치 여부는 확인할 필요가 없다.
④ 휴식 시나 작업종료 시 크레인 작업을 종료할 때에는 제어기에서 키를 빼어 소정의 장소에 보관한다.

해설
리모컨 크레인도 운전시작 전 제어기의 방향과 크레인 작동 방향의 일치 여부를 확인할 필요가 있다.

22 윤활제의 구비조건으로 틀린 것은?

① 유성이 좋을 것
❷ 점도가 클 것
③ 화학적으로 안정할 것
④ 인화점이 높을 것

해설
점도가 적정하고 점도지수가 높을 것

23 크레인 운전 중에 경보음이 울리는 경우로 바람직하지 않은 것은?

① 크레인의 운전을 시작할 때
② 미끄러지기 쉬운 물건, 기타 위험물을 운반할 때
③ 하물을 매달고 이동 중 진행 방향에 사람이 있는 경우
✅ 크레인 운전 중에는 항상 경보를 울린다.

24 천장크레인에서 주권, 보권이 동시에 표시되어 있을 때 천장크레인의 사용 방법으로 맞는 것은?

✅ 주 감기의 정격하중 이내로 한다.
② 보조 감기의 정격하중 이내로 한다.
③ 주 감기 및 보조 감기 하중의 합계 이내로 한다.
④ 주 감기에서 보조 감기의 하중을 뺀 값 이내로 한다.

25 피치원의 지름이 30cm, 잇수 12인 평치차의 모듈은 얼마인가?

① 2.4 ✅ 2.5
③ 3.3 ④ 3.6

해설
모듈은 피치원의 지름을 잇수로 나눈 값이다.
$M = \dfrac{D}{Z} = \dfrac{30}{12} = 2.5$

26 20Ω의 저항에 1.2A의 전류를 흐르게 하려면 몇 V의 전압이 필요한가?

① 10 ② 15
③ 21 ✅ 24

해설
전압 = 저항 × 전류
    = 20 × 1.2 = 24(V)

27 전기장치 회로에 사용하는 퓨즈의 재질로 적당한 것은?

① 스틸합금
② 구리합금
③ 알루미늄합금
✅ 납과 주석합금

해설
퓨즈의 재질은 주석과 납의 합금이다.

28 퓨즈가 끊어지는 원인이 아닌 것은?

① 과부하가 걸릴 때
② 회전자의 권선이 단락될 때
③ 과전류가 흐를 때
✅ 리밋 스위치가 동작할 때

해설
리밋 스위치(제한 개폐기)는 권과 방지장치로 퓨즈가 끊어지는 원인과 거리가 멀다.

29 운전 중 전동기에 전원이 들어오지 않아 정지되었을 때 가장 먼저 점검해야 할 것은?
- ① **과부하 계전기 동작 유무 확인**
- ② 집전기 이탈 상태 확인
- ③ 배선 상태 확인
- ④ 브레이크 동작 상태 확인

해설
과부하 계전기는 천장크레인의 전동기 보호를 위해 주로 사용하고 있는 계전기이다.

30 크레인의 일반적인 기동법으로 맞는 것은?
- ① **2차 저항 기동법**
- ② △-Y 기동법
- ③ 리액터 기동법
- ④ 소프트 스타터 기동법

해설
2차 저항 기동법은 권선형 유도전동기의 기동법이다.

31 축과 보스에 각각 홈을 파서 때려 박는 일반적인 키(key)방식은?
- ① **묻힘 키(성크 키)**
- ② 안장 키(새들 키)
- ③ 평 키(플랫 키)
- ④ 원뿔 키(핀 키)

해설
보스와 축에 다 같이 홈을 파는 키는 성크 키이고, 축은 그대로 두고 보스에만 홈을 판 키는 새들 키이다.

32 크레인의 안전운전을 위한 수칙이 아닌 것은?
- ① 크레인의 탑승은 지정된 사다리를 이용한다.
- ② 크레인을 주행할 때 경적을 울리거나 경광등을 작동한다.
- ③ **크레인을 운전 중에 반드시 운행일지를 기록한다.**
- ④ 지정된 신호수에 의해 명확한 신호를 받아 동작한다.

33 천장크레인 운전요령 중 메인(main) 스위치를 투입했는데도 운전실의 신호램프가 들어오지 않을 때 가장 옳은 처리방법은?
- ① 먼저 정비사에게 연락한다.
- ② **제어기의 전압이 '0' 상태인가 확인한다.**
- ③ 상사에게 보고한다.
- ④ 모터에서부터 점검한다.

해설
천장크레인에 있어서 운전을 하고자 할 때, 또는 메인(main) 스위치를 투입했는데도 운전실의 신호램프가 들어오지 않을 때 등 최초에 행해야 할 사항은 모든 제어기의 노치를 '0' 상태에 두고 메인 스위치를 'on'으로 작동시킨다.

34 사용 중인 천장크레인은 산업안전보건법 관련에 따라 주기적인 점검 및 검사를 실시해야 한다. 다음 중 관계가 없는 것은?

① 안전검사
② 작업시작 전 점검
③ 완성검사 ✓
④ 자율안전프로그램에 의한 검사

35 천장크레인 장치별 정비시기에 대한 설명 중 틀린 것은?

① 천장크레인의 횡행장치는 사후 보전으로 수리한다.
② 천장크레인의 주행장치는 사후 보전으로 수리해도 무방하다.
③ 천장크레인의 권상장치는 사후 보전으로 수리해도 무방하다. ✓
④ 예방 보전이라 함은 고장이 일어날 것 같은 부분을 계획적으로 교환, 수리하는 방법이다.

[해설]
크레인의 권상장치는 예방 보전으로 한다.

36 베어링 메탈로 사용하기에 적당하지 않은 것은?

① 화이트 메탈   ② 청동
③ 켈밋   **④ 침탄강** ✓

[해설]
베어링 메탈은 주로 청동주물로 제작하며 주철 이외의 철금속에 화이트 메탈을 사용한다.
켈밋 메탈(kelmet metal)은 미끄럼 베어링 용도로 사용하는 합금으로서, 열전도율이 좋아 주로 고온 고하중을 받는 베어링에 사용한다.

37 화물을 들어 올릴 때의 주의사항으로 거리가 먼 것은?

① 매단 화물 위에는 절대로 타지 말 것
② 섀클로 철판을 세워서 매달 것 ✓
③ 줄을 거는 위치는 무게중심보다 낮게 한다.
④ 조금씩 감아올려서 로프 등의 팽팽한 정도를 반드시 확인해야 한다.

[해설]
섀클로 철판을 세워서 매달지 말 것
섀클(shackle)
연강환봉을 U자형으로 구부리고 입이 벌려 있는 쪽에 환봉 핀을 끼워서 고리로 하는 것이며, 로프의 끝부분이나 달기체인 등의 연결고리에 연결하여 물체를 들어 올릴 때 사용하는 기구를 말한다.

38 치차의 마모 한계는 피치원에 있어서 치두께 원 치수의 40%가 한계이나 보통 몇 %에서 교환하는 것이 좋은가?

① 5~10   **② 20~30**
③ 30~40   ④ 40~50

해설
치차(기어)의 마모 한계는 피치원에 있어서 이의 두께가 원 치수의 40% 감소될 때를 한도로 하므로 20~30%의 마모에서 교환하는 것이 좋다.

39 권선형 유도전동기의 구조에 해당하지 않는 것은?

① 단락형   ② 회전자
③ 고정자   ④ 슬립 링

해설
권선형 유도전동기는 고정자 및 회전자의 양쪽에 권선을 지니고 있으며 회전자의 권선에 슬립 링을 통해서 외부 저항을 증감하면 부하를 걸었을 때 속도를 가감할 수 있고, 특히 크레인 기동 시 기계에 충격을 주지 않고 서서히 가속할 수 있다.

40 권선형 3상 유도전동기의 회전방향을 변화하는 방법으로 적합한 것은?

① 전압을 낮춘다.
② 1차 측 공급전원의 3선 중 2선을 바꾼다.
③ 1차 측 공급전원의 3선을 모두 바꾼다.
④ 저항기의 저항 값을 변화시킨다.

해설
3상 유도전동기의 회전방향을 바꾸는 가장 일반적이고 간편한 방법은 3상 전원 중 임의의 두 선을 서로 바꿔 접속하는 것이다. 그러면 상 순서가 바뀌면서 회전 자기장의 방향도 반대로 바뀌게 되는데, 이는 곧 전동기 회전방향이 반대로 바뀜을 의미한다.

41 크레인 작업 시 신호 방법으로 바람직하지 않은 것은?

① 신호수단으로 손, 깃발, 호각 등을 이용한다.
② 신호는 절도 있는 동작으로 간단명료하게 한다.
③ 운전자에 대한 신호는 신호의 정확한 전달을 위해 최소한 2인 이상이 한다.
④ 신호자는 운전자가 보기 쉽고 안전한 장소에 위치해야 한다.

해설
운전자에 대한 신호는 반드시 정해진 한 사람의 신호수가 한다.

42 줄걸이 작업 시 섬유 벨트의 장점이 아닌 것은?

① 취급이 용이하다.
② 제작이 간단하며 값이 많이 싸다.
③ 하물을 손상시키지 않는다.
④ 와이어로프나 체인보다 가볍다.

해설
섬유 벨트(fiber belt)
천연섬유의 장점은 가격이 저렴하고 비중이 낮으며 인성과 적절한 비강도를 가지고 있다는 것이다. 또한 에너지 회수율이 높고, 이산화탄소 분리가 용이하여 환경친화적이고 생분해성이 매우 좋다. 그러나 PE섬유로 만든 와이어의 경우 범용 스틸 와이어 제품보다 높은 가격과 화기에 취약하다는 특징이 단점으로 부각되고 있다.

43 하중 W의 물건을 1개의 이동활차와 1개의 고정활차를 이용하여 들어 올리려 한다. 하중 W와 힘 F의 비 $W:F$는?

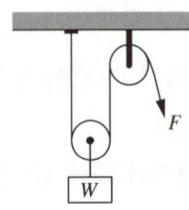

① 1 : 1 ❷ 2 : 1
③ 1 : 2 ④ 3 : 1

해설
동활차 : 힘에는 이득을 볼 수 있으나, 한 일의 양에는 이득이 없다.
당기는 힘(F) = 물체 무게의 1/2 = 1/2 W
동활차가 1개면 힘은 1/2로 줄고,
동활차가 2개이면 힘은 1/2×1/2=1/4로 줄어든다.
동활차가 3개이면 힘은 1/2×1/2×1/2=1/8로 줄어든다.

44 와이어로프를 선정할 때 주의해야 할 사항이 아닌 것은?

① 용도에 따라 손상이 적게 생기는 것을 선정한다.
② 하중의 중량이 고려된 강도를 갖는 로프를 선정한다.
③ 심강은 사용 용도에 따라 결정한다.
❹ 높은 온도에서 사용할 경우 반드시 도금한 로프를 선정한다.

해설
와이어로프를 높은 온도에서 사용할 경우 도금한 로프를 피한다.

45 줄걸이 작업자의 안전작업 방법을 설명한 것으로 거리가 먼 것은?

❶ 화물의 하중을 어림짐작하여 작업한다.
② 정격하중을 넘는 무게의 화물을 매달지 않는다.
③ 상례적으로 정해진 화물은 전문적인 줄걸이 용구를 만들어 작업한다.
④ 화물의 하중 판단에 자신이 없을 때는 숙련자에게 문의해 작업한다.

해설
질량의 눈대중이나 중심위치의 판단은 경험이나 수치적 개념이 필요한 작업으로, 잘못된 판단은 작업의 능률을 저하시킬 뿐 아니라, 중대한 재해발생의 원인이 될 수도 있다. 따라서 화물의 하중을 정확히 측정해야 한다.

46 와이어로프에 심강을 사용하는 목적으로 틀린 것은?

① 충격 하중의 흡수
② 스트랜드의 위치를 올바르게 유지
③ 소선끼리의 마찰에 의한 마모 방지
❹ 와이어 소선의 절약

해설
심강의 사용 목적은 충격 하중의 흡수, 부식 방지, 소선 사이의 마찰에 의한 마멸 방지, 스트랜드의 위치를 올바르게 유지하는 데 있다.

47 크레인에 사용하는 와이어로프 규격에서 로프의 12줄 길이는 몇 m를 표준으로 하는가?

① 50m, 100m, 150m
② 100m, 200m, 300m
③ 150m, 250m, 350m
④ 200m, 500m, 1,000m ✓

48 절단하중이 1,200kg인 와이어로프를 2줄 걸이로 해서 600kg의 화물을 인양할 때 이 와이어로프의 안전율은 얼마인가?

① 3
② 4 ✓
③ 5
④ 6

[해설]
와이어로프의 안전율
$$f = \frac{F \cdot N \cdot \eta}{Q}$$
(여기서, f : 안전율, F : 절단하중(t), N : 와이어로프 줄 수, η : 도르래 조합 효율, Q : 권상하중(t))
$$f = \frac{1,200 \times 2}{600} = 4$$

49 와이어로프를 절단하였을 때 절단부분에서 로프의 꼬임이 풀리는 것을 방지하기 위해 끝을 철선으로 묶는 방법은?

① 시징 ✓
② 클립
③ 엮어 넣기
④ 킹크

50 운전자가 사이렌을 울리거나 손바닥을 안으로 하여 얼굴 앞에서 2~3회 흔드는 신호는?

① 크레인 이상 발생으로 작업 못함
② 신호 불명 ✓
③ 줄걸이 작업 미비
④ 작업 완료

[해설]
① 기중기의 이상 발생 : 운전자는 사이렌을 울리거나 한쪽 손의 주먹을 다른 손의 손바닥으로 2, 3회 두드린다.
④ 작업 완료 : 거수경례 또는 양손을 머리 위로 교차시킨다.

51 안전표지의 색채 중에서 대피 장소 또는 비상구의 표지에 사용하는 것으로 맞는 것은?

① 빨간색
② 주황색
③ 녹색 ✓
④ 청색

[해설]
안전표지 분류 및 색상
• 빨간색 : 금지
• 노란색 : 경고
• 파란색 : 지시
• 녹색 : 안내

52 중량물 운반에 대한 설명으로 틀린 것은?

① 흔들리는 중량물은 사람이 붙잡아서 이동한다.
② 무거운 물건을 운반할 경우 주위 사람에게 인지하게 한다.
③ 규정 용량을 초과하여 운반하지 않는다.
④ 무거운 물건을 상승시킨 채 오랫동안 방치하지 않는다.

해설
중량물이 심하게 흔들리는 상태에서 운전을 금지한다.

53 일반적으로 연삭기에 부착해야 하는 안전 방호장치는?

① 안전덮개
② 급발진장치
③ 양수조작식 방호장치
④ 광전식 안전방호장치

해설
방호장치
- 격리형 방호장치 : 위험한 작업점과 작업자 사이에 서로 접근되어 일어날 수 있는 재해를 방지하기 위해 차단벽이나 망을 설치하여 물리적으로 차단하는 장치
- 포집형(덮개형) 방호장치 : 위험원에 대한 방호장치로 연삭숫돌의 파괴가 되어 비산될 때 회전방향으로 튀어나오는 비산물질을 포집하거나 막는 장치
- 위치 제한형 방호장치 : 위험을 초래할 가능성이 있는 기계에서 작업자나 직접 그 기계와 관련되어 있는 조작자의 신체부위가 위험한계 밖에 있도록 의도적으로 기계의 조작장치를 기계에서 일정 거리 이상 떨어지게 설치해놓고 조작하는 두 손 중에서 어느 하나 떨어져도 기계의 동작을 멈추게 하는 장치
- 접근 거부형 방호장치 : 작업자의 신체 부위가 위험한계 내로 접근하면 기계동작 위치에 설치해 놓은 기계장치가 접근하는 손이나 팔 등의 신체 부위를 안전한 위치로 밀거나 당기는 안전장치

54 작업에 필요한 수공구의 보관 방법으로 적합하지 않은 것은?

① 공구함을 준비하여 종류와 크기별로 보관한다.
② 사용한 공구는 파손된 부분 등의 점검 후 보관한다.
③ 사용한 수공구는 녹슬지 않도록 손잡이 부분에 오일을 발라서 보관하도록 한다.
④ 날이 있거나 뾰족한 물건을 위험하므로 뚜껑을 씌워둔다.

해설
공구보관 시 손잡이를 청결하게 유지한다(기름이 묻은 손잡이는 사고를 유발할 수 있다).

55 사고의 원인 중 불안전한 행동이 아닌 것은?

① 허가 없이 기계장치 운전
② 사용 중인 공구에 결함 발생
③ 작업 중에 안전장치 기능 제거
④ 부적당한 속도로 기계장치 운전

해설
사고의 원인

직접 원인 (1차 원인)	불안전 상태 (물적 원인)	• 물자체의 결함, 안전방호장치 결함, 복장 보호구의 결함, 작업환경의 결함 • 생산공정의 결함, 경계표 시설비의 결함
	불안전 행동 (인적 원인)	• 위험장소 접근, 안전장치 기능 제거, 복장 보호구의 잘못 사용 • 기계기구의 잘못 사용, 운전 중인 기계 장치 손질, 불안전한 속도 조작 • 불안전한 상태 방치, 불안전한 자세 동작, 위험물 취급 부주의
	천재지변	불가항력
간접 원인	교육적 원인	개인적 결함(2차 원인)
	기술적 원인	
	관리적 원인	사회적 환경, 유전적 요인

56 전기용접 시 아크 빛으로 인해 혈안이 되고 눈이 붓는 경우가 있다. 이럴 때 응급조치사항으로 가장 적절한 것은?

① 안약을 넣고 계속 작업한다.
② 눈을 잠시 감고 안정을 취한다.
③ 소금물로 눈을 세정한 후 작업한다.
④ 냉 습포를 눈 위에 올려놓고 안정을 취한다.

57 벨트 전동장치에 내재된 위험 요소로 의미가 다른 것은?

① 트랩(trap)
② 충격(impact)
③ 접촉(contact)
④ 말림(entanglement)

[해설]
플라이 휠, 팬, 풀리, 축 등과 같이 회전운동을 하는 기계 부위는 다음과 같은 위험성이 상존한다.
• 접촉 및 말려듦
• 고정 부와 회전 부 사이에의 끼임, 협착, 트랩 형성
• 회전체 자체 위험

58 작업장에서 지켜야 할 준수사항이 아닌 것은?

① 불필요한 행동을 삼갈 것
② 작업장에서는 급히 뛰지 말 것
③ 대기 중인 차량에는 고임목을 고여 둘 것
④ 공구를 전달할 경우 시간절약을 위해 가볍게 던질 것

[해설]
작업 중 공구를 던지면 공구 파손과 안전상 위험을 초래한다.

59 화재 발생 시 연소 조건이 아닌 것은?

① 점화원　　② 산소(공기)
③ 발화시기　④ 가연성 물질

[해설]
화재 연소 시 3요소
• 가연성 물질
• 점화원
• 산소

60 인간공학적 안전 설정으로 페일세이프에 관한 설명 중 가장 적절한 것은?

① 안전도 검사 방법을 말한다.
② 안전통제의 실패로 인하여 원상 복귀가 가장 쉬운 사고의 결과를 말한다.
③ 안전사고 예방을 할 수 없는 물리적 불안전 조건과 불안전 인간의 행동을 말한다.
④ 인간 또는 기계에 과오나 동작상의 실패가 있어도 안전사고를 발생시키지 않도록 하는 통제책을 말한다.

제3회 기출복원문제

01 천장크레인에서 전동기의 회전방향을 결정하거나 속도를 조절하는 장치는?

① 새들
② 패널
③ 버퍼
④ **제어기** ✓

> **해설**
> 제어기(controller)
> 권선형 유도전동기용의 제어기는 한 개의 핸들을 정방향과 역방향으로 돌림으로써 1차 측의 전원회로를 변화하여 전동기의 회전방향을 정하고 핸들의 조작을 진행시켜 2차 측의 저항을 차례로 단락함으로써 속도를 제어한다.

02 천장크레인에 사용하는 전선의 색상으로 틀린 것은?

① **주황색 - 접지** ✓
② 검은색 - 교류 및 직류 전원선로
③ 빨간색 - 교류제어회로
④ 파란색 - 직류제어회로

> **해설**
> 전선의 색상
> • 주황색 - 외부 전원에서 공급되는 연동장치 제어회로
> • 검은색 - 교류 및 직류 전원선로
> • 빨간색 - 교류제어회로
> • 파란색 - 직류제어회로
> • 녹색-노란색 - 접지
> • 파란색 - 중성선

03 운전자가 펜던트 스위치를 잡고 화물과 함께 이동하는 천장주행크레인에 대한 설명 중 옳은 것은?

① 동일한 주행로 상에 2대의 천장크레인에 대해서는 충돌 방지장치를 반드시 설치해야 한다.
② 천장크레인의 주행속도는 분당 70m 이하여야 한다.
③ **펜던트 스위치의 전선케이블에는 케이블 보호를 위한 보조 와이어로프 등이 설치되어야 한다.** ✓
④ 펜던트 스위치 조작전압은 교류인 경우 대지 전압 300V 이하여야 한다.

> **해설**
> 펜던트 스위치에 접속된 케이블은 꼬임이나 무리한 힘이 가해지지 않도록 보조 와이어로프 등으로 지지되어야 한다.
> ① 동일한 주행로상에 2대 이상 병렬 설치된 것(작업 바닥면에서 펜던트 등을 조작하며 화물과 운전자가 함께 이동하는 것을 제외)은 크레인의 대면하는 끝부분에 두 크레인의 충돌을 방지할 수 있는 장치를 설치해야 한다.
> ② 천장크레인의 주행속도는 분당 45m 이하여야 한다.
> ④ 펜던트 스위치 조작용 전기회로의 전압은 교류 대지 전압 150V 이하 또는 직류 300V 이하여야 한다.

04 차륜에 대해 설명한 것 중 틀린 것은?

① 차륜의 재질은 주철, 주강, 특수주강이다.
② 천장크레인 차륜은 보통 양 플랜지의 것이 사용된다.
③ 차륜의 지름은 균일하며 답면 및 플랜지는 열처리가 되어 있다.
❹ **차륜에는 종동륜만 있다.**

[해설] 차륜은 구동륜과 종동륜으로 구분한다.

05 천장크레인 레일에 있어서 레일의 측면마모와 좌우레일의 수평 차는 얼마 이내인가?

① 모두 15mm 이내
❷ **측면마모는 원래 규격치수의 10% 이내, 좌우레일 수평 차는 10mm 이내**
③ 측면마모는 원래 규격치수의 25% 이내, 좌우레일 수평 차는 25mm 이내
④ 측면마모는 원래 규격치수의 30% 이내, 좌우레일 수평 차는 5mm 이내

[해설] 레일 측면마모는 원래 규격치수의 10% 이내, 좌우레일 수평 차는 10mm 이내

06 천장크레인의 주요 안전장치가 아닌 것은?

① 권과 방지장치
② 비상정지장치
❸ **집전장치**
④ 과부하 방지장치

[해설] 집전장치는 트롤리선에서 전원을 크레인 내에 도입하는 부분이다.

07 크레인의 양정에 대한 의미로서 가장 알맞은 것은?

① 로프(rope)가 드럼에 감기는 거리
❷ **훅(hook)이 상·하한 리밋(limit) 사이를 움직일 수 있는 거리**
③ 기중기의 트롤리(trolley)가 수평으로 움직일 수 있는 최대 거리
④ 운전실 하면(下面)과 지상의 거리

[해설]
양정(lift)
훅, 크래브, 버킷 등의 달기기구를 유효하게 올리고 내리는 것이 가능한 상한과 하한의 수직거리

08 과권 방지장치인 제한 개폐기(limit switch)의 종류가 아닌 것은?

① 기어(gear)형　② 레버(lever)형
❸ **로드(road)형**　④ 캠(cam)형

[해설] 제한 개폐기(limit switch)는 너트형(기어 : 나사형), 캠형, 레버형 등이 있고, 로드형은 없다.

09 완충장치에서 버퍼 스토퍼(buffer stopper)에 사용되지 않는 것은?

① 경질 고무　② 스프링
③ 유압　　　　❹ 플레이트 강판

해설
버퍼 스토퍼는 주행이나 횡행 시 충돌이 발생할 때 충격을 완화하는 장치(유압, 고무, 스프링 등을 이용)이다.

10 도르래 홈의 마모 한도는 와이어로프 지름의 몇 % 이내인가?

① 10　　　　❷ 20
③ 30　　　　④ 40

해설
시브(도르래) 홈은 이상 마모가 없고, 마모 한도는 와이어로프 지름의 20% 이하이다.

11 구조가 간단하고 마모부분이 없으며 유지가 용이하고 정격속도의 1/5의 안정된 저속도를 쉽게 얻을 수 있는 브레이크는?

① 유압 브레이크
❷ EC 브레이크
③ DC 브레이크
④ 스러스트 브레이크

해설
스러스트 브레이크는 측압 브레이크이고, DC 마그넷 브레이크는 권상기 및 산업기계에 쓰이며, 안정된 저속도를 쉽게 얻을 수 있는 속도 제어 브레이크는 EC 브레이크이다.

12 와이어로프는 달기구 및 지브의 위치가 가장 아래쪽에 위치할 때 드럼에 최소한 몇 회 감겨 있어야 하는가?

① 1　　　　❷ 2~3
③ 5~6　　　④ 7 이상

해설
권상용 및 지브의 기복용 와이어로프에 있어서 달기구 및 지브의 위치가 가장 아래쪽에 위치할 때 드럼에 2회 이상 감기는 여유가 있어야 한다.

13 권상장치의 제동 제어용으로 사용이 가장 부적당한 브레이크의 형식은?

① 교류전자
② 직류전자
❸ 유압 압상기
④ EC 브레이크

해설
압상기(스러스트) 브레이크는 마그넷 브레이크에 비해 동작이 느리므로 충격이 작아 각부의 파손 및 마모가 적으나 급격하게 제동이 걸리지 않는 것이 단점이다.

14 천장크레인용 훅(hook)의 입구가 벌어지는 변형량을 시험하는 방법으로 가장 적합한 것은?

① 훅에 정격하중을 동하중으로 작용시켜 입구의 벌어짐이 0.5% 이하여야 한다.
❷ 훅에 정격하중의 2배를 정하중으로 작용시켜 입구의 벌어짐이 0.25% 이하여야 한다.
③ 훅에 최대하중을 동하중으로 작용시켜 입구의 벌어짐이 0.25% 이하여야 한다.
④ 훅에 정격하중을 정하중으로 작용시켜 입구의 벌어짐이 0.5% 이하여야 한다.

해설
훅의 입구가 벌어지는 변형량 시험은 정격하중의 2배에 해당하는 정하중을 걸고 입구의 벌어짐이 0.25% 이하여야 한다.

15 와이어로프의 구성요소가 아닌 것은?

① 소선 ② 스트랜드
❸ 클립 ④ 심강

해설
와이어로프의 구조
• 소선
• 스트랜드
• 심강

16 그림에서 트롤리 프레임에 설치된 (A)의 역할로 맞는 것은?

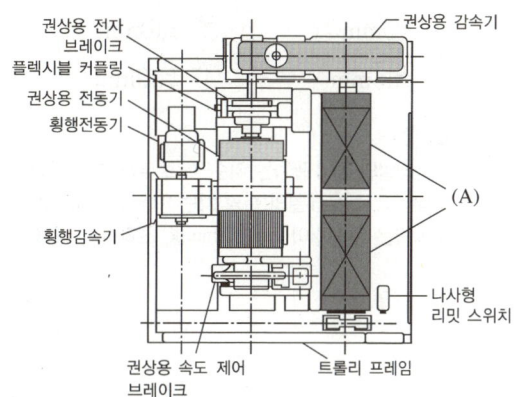

① 트롤리 횡행
② 화물 주행
③ 트롤리선 권상권하
❹ 화물 권상권하

17 천장크레인 주행장치 중 다음 그림과 같이 각 차륜마다 전동기를 이용하여 구동하는 방식은?

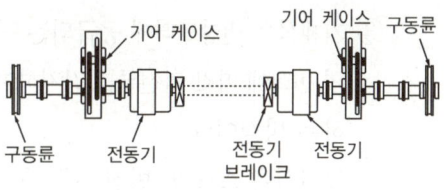

① 중앙 전동기 구동법
② 이중 기어 케이스 구동법
③ 중앙 기어 케이스 구동법
❹ 독립륜 구동법

해설
독립륜 구동식 주행장치는 단일 전동기 기어 케이스 축과 차륜이 브리지 한쪽 끝에서 구동이 이루어지는 방법으로 2개의 독립 차륜 구동은 브리지를 주행레일을 따라 주행하는 데 사용된다.

18 천장크레인 좌우레일의 수평 차는 얼마 이내인가?

① ±5mm ✓② ±10mm
③ ±15mm ④ ±20mm

해설
주행레일의 높이 편차는 기준면으로부터 최대 ±10mm 이내이고, 좌우레일의 수평 차는 10mm 이내, 레일의 구배량은 주행길이 2m당 2mm를 초과하지 않을 것

19 과부하 방지장치(overload limiter)에 대한 설명으로 적합한 것은?

✓① 크레인으로 화물을 들어 올릴 때 최대 허용 하중(적정하중) 이상이 되면 과적 재를 알리면서 자동으로 운반 작업을 중단시켜 과적에 의한 사고를 예방하는 방호장치이다.
② 과부하 방지장치는 작동하는 방법에 따라 모터 전자식, 부하식, 기계식으로 분류된다.
③ 기계식은 권상모터에 공급되는 전류 값의 변화에 따라 과전류를 감지하여 제어하는 방식이다.
④ 전기식은 스프링, 방진고무 등의 처짐을 이용하여 마이크로 스위치를 동작시켜 제어하는 방식이다.

해설
② 과부하 방지장치에는 과부하를 감지하는 방법에 따라 기계식, 전기식 및 전자식 과부하 방지장치로 구분된다.
③ 기계식은 스프링, 방진고무 등의 처짐을 이용하여 마이크로 스위치를 동작시켜 제어하는 방식이다.
④ 전기식은 권상모터의 전류 값의 변화에 따라 과전류를 감지하여 제어하는 방식이다.

20 천장크레인에서 크래브(crab)가 거더에 설치되어 있는 레일을 따라 이동하는 것을 무엇이라 하는가?

① 스팬(span)
② 기복(luffing)
③ 주행(travelling)
✓④ 횡행(traversing)

해설
크래브란 횡행장치를 설치하여 양 거더 위에 설치된 레일 위를 왕복 운동하는 대차이다.

21 천장크레인의 권상, 권하 시 주의할 사항으로 옳지 않은 것은?

① 와이어로프를 풀 때 필요 이상 풀지 말 것
② 와이어 규정 하중을 지킬 것
③ 와이어로프가 홈에서 벗어나지 않도록 운전할 것
✓④ 와이어로프를 감을 때는 항상 최대속도로 감을 것

해설
저속으로 천천히 감아올리고 와이어로프가 인장력을 받기 시작할 때에는 일단 정지해야 한다.

22 다음 설명 중 틀린 것은?

① ✓ 베어링 발열 여부 측정 시 측정 온도가 대기 온도와 같을 때 결함이 있다고 본다.
② 평 베어링 점검 시 스며 나오는 오일에 이물질이 있는지 이상 유무를 살펴본다.
③ 운전 시 베어링 이상 음이 발생하면 즉시 점검해야 한다.
④ 회전 베어링의 하우징(housing)에 그리스를 1/3 정도 채우면 약 2,000시간 사용 가능하다.

> [해설]
> 베어링 발열 여부 측정 시 측정 온도가 대기 온도와 같을 때 결함이 없다고 본다. 즉, 베어링 온도는 최대 75℃ 또는 주위 온도 +40℃까지는 정상이다.

23 매일 작업하는 크레인의 그리스컵에 대한 점검은?

① ✓ 매일
② 주 1회
③ 주 2회
④ 정기검사 시

> [해설]
> 그리스컵 급유인 부분은 사용빈도에 따라 매일 수시로 확인하며 급유한다.

24 크레인 권상전동기의 소요 동력(kW)을 구하는 식으로 맞는 것은?(단, 단위는 권상하중 : t, 속도 : m/min)

① {(정격하중 + 훅의 자중) × 권상전동기 효율} / (6.12×속도)
② {(정격하중 + 훅의 자중) × 권상전동기 효율} / 6.12
③ {(정격하중 + 훅의 자중) × 권상전동기 효율} / (6.12+속도)
④ ✓ {(정격하중 + 훅의 자중) × 속도} / (6.12 × 권상전동기 효율)

> [해설]
> 전동기의 소요 동력
> $$P = \frac{권상하중(t) + 권상속도(m/min)}{6.12 \times 권상장치의\ 효율}$$

25 스러스트 브레이크의 오일 교환주기는 몇 개월인가?

① 1
② 3
③ ✓ 6
④ 12

26 1PS는 약 몇 W인가?

① 1.3
② 3/4
③ ✓ 735
④ 0.735

> [해설]
> 1PS는 1초 동안 75kg의 물건을 1m 옮기는 데 드는 힘이다.
> 1PS = 75kg·m/s = 735W(watt)

27 와이어로프를 새것으로 교체하여 사용할 경우 초기 운전 시 주의사항은?

① 시험하중을 걸고 저속으로 여러 번 운전한 후 사용
② 사용 정격하중을 걸고 저속으로 여러 번 운전한 후 사용
☑ **사용 정격하중의 1/2 정도를 걸고 저속으로 여러 번 운전한 후 사용**
④ 시험하중을 걸고 고속으로 여러 번 운전한 후 사용

28 감속기 오일은 점도검사를 하여 교환하지만 일반적으로 몇 시간 사용 후 교환하는가?

① 1,000   ☑ 2,000
③ 3,000   ④ 4,000

> [해설]
> 감속기 오일은 처음 500시간 작업 후 교환하고 다음부터는 2,000시간마다 교환한다.

29 치차 또는 차륜 등과 같은 회전체를 축에 고정할 때 보통 사용하는 것은?

① 나사(screw)   ② 베어링(bearing)
③ 클러치(clutch)   ☑ **키(key)**

> [해설]
> 키(key)는 축과 보스를 결합하는 기계요소로 회전체를 축에 고정시켜 회전력을 전달한다.

30 천장크레인의 전동기 보호를 위해 주로 사용하고 있는 계전기는?

☑ **과부하 계전기**
② 한시 계전기
③ 전력 계전기
④ 주파수 계전기

31 다음 천장크레인 관련 설명 중 가장 올바른 것은?

① 전기에너지를 기계에너지로 바꾸는 장치를 발전기라 하며 직류발전기와 교류발전기가 있다.
☑ **마그넷 크레인은 철편을 붙였을 때 전기 스위치를 끊어도 잔류자기 때문에 철편이 금방 떨어지지 않을 수도 있다.**
③ 저항체는 전력을 열로 바꾸므로 정지 중에도 약 640℃가 될 때가 있으므로 가연물을 가까이 하면 안 된다.
④ 천장크레인용 저항기는 용량이 크고 진동에 강한 권선형이 적합하다.

> [해설]
> ① 전기에너지를 기계에너지로 바꾸는 장치를 전동기라 하며, 직류전동기와 교류전동기가 있다.
> ③ 저항기는 사용 중에 온도가 높아져 약 350℃가 될 때도 있다.
> ④ 천장크레인용 저항기는 용량이 크고 진동에 강한 그리드형이 적합하다.

32 일일점검으로 운전 전 점검사항이 아닌 것은?

① Limit S/W의 작동상태
② Brake의 작동상태
③ **기계식 제동기의 이상 발열** ✓
④ 운전실의 정리 정돈 상태

> [해설] 기계식 제동기의 이상 발열은 운전 중 점검사항이다.

33 전기 패널에서 고장개소를 파악하기 앞서 가장 먼저 취해야 할 사항은?

① **주 전원 개폐기를 차단한다.** ✓
② 터미널 박스를 열어본다.
③ 변압기를 드라이버로 분해한다.
④ 케이블 묶음을 풀어 놓는다.

> [해설] 전기 패널 점검 시 해당전로에 개폐기를 차단하여 정전시킨 후 작업해야 한다.

34 천장크레인 운전 중 갑작스런 고장으로 정전되었을 때, 크레인 운전원이 가장 먼저 취해야 할 행동은?

① **각 제어기를 off시킨다.** ✓
② 즉시 상급자에게 연락하러 간다.
③ 상급자에게 보고한 다음 고장 여부를 확인한다.
④ 고장 여부를 확인하기 위해 즉시 크레인 위로 올라가 본다.

> [해설] 운전 중 전원이 차단되면 즉시 제어기를 off 위치에 놓아야 한다.

35 그림의 직류전자 브레이크 작동 회로에서 R_2 저항의 용도는?

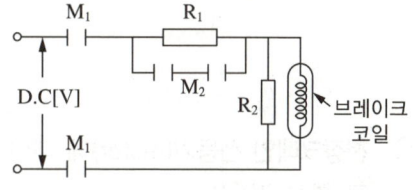

① 충전용　　② 전류 절약용
③ **방전용** ✓　　④ 전압 분배용

36 구름 베어링의 호칭번호 6204의 안지름은 얼마인가?

① **20mm** ✓　　② 23mm
③ 40mm　　④ 104mm

> [해설] 베어링의 안지름이 00은 10mm, 01은 12mm, 02는 15mm, 03은 17mm, 04부터는 5배수가 안지름이다.
> ∴ 4×5 = 20mm이다.

37 다음 중 천장크레인의 교류전동기에 사용하는 속도 제어 방법이 아닌 것은?

① **계자 제어**
② 직렬 저항 제어
③ 전압 제어
④ 출력 제어

해설
직류전동기의 속도 제어법에는 계자 제어, 저항 제어, 전압 제어 등의 방법이 있다.

38 천장크레인 전동기(motor)에 대한 설명으로 틀린 것은?

① **전동기 운전 시 온도는 120°C까지 허용된다.**
② 전동기 형상에서 개방형, 전폐형 등이 있다.
③ 전동기의 분류는 크게 직류전동기와 교류전동기로 분류할 수 있다.
④ 전동기 평판에 220V, 100A 정격 1시간이라는 것은 200V, 100A 조건에서 1시간 연속사용 가능하다는 것이다.

해설
천장크레인 운전을 하면 전동기에서 열이 발생하는데 그 허용온도는 약 50~60°C이다.

39 기어 이는 나선형이고 물림이 원활하며 큰 하중과 고속 전동에 주로 쓰이는 기어는?

① 스퍼 기어
② **헬리컬 기어**
③ 내접 기어
④ 웜 기어

해설
① 스퍼(spur) 기어 : 원판 마찰차의 원둘레면 위에 이를 깎은 것으로 평행한 두 축 사이에 일정한 속도비로 회전 운동을 전달하며, 천장크레인에 가장 많이 사용한다.
③ 내접 기어 : 두 축의 회전방향이 같으며 높은 감속비를 얻기 위해 사용하는 기어이다.
④ 웜과 웜 기어 : 기어의 두 축이 교차하면서 가장 큰 감속비로 감속하는 기어이다.

40 다음 (   ) 안에 알맞은 숫자는?

> 높이가 지표 또는 수면으로부터 (   )m 이상인 건설크레인에는 기준에 따른 표시등과 주간 표지를 설치하여야 한다.

① 30
② 40
③ 50
④ **60**

해설
장애물 제한표면구역 밖에 있는 물체(항공장애물 관리 및 비행안전 확인 기준 제30조)
높이가 지표 또는 수면으로부터 60m 이상인 다음의 각 물체나 구조물에는 표시등과 주간표지를 설치하여야 한다.
• 굴뚝, 철탑, 기둥, 그 밖에 높이에 비하여 그 폭이 좁은 물체 및 이들에 부착된 지선(支線)
• 철탑, 건설크레인 등 뼈대로 이루어진 구조물
• 건축물이나 구조물 위에 추가로 설치한 철탑, 송전탑 또는 공중선 등
• 가공선이나 케이블·현수선 및 이들을 지지하는 탑
• 계류기구와 계류용 선(주간에 시정이 5,000m 미만인 경우와 야간에 계류하는 것에 한함)
• 풍력터빈

41 24본선 6꼬임의 와이어로프를 사용할 경우 권상용 드럼과 와이어로프 지름의 비는 최소 얼마 이상으로 해야 하는가?

✓ ① 20
② 30
③ 40
④ 50

해설
드럼 지름(D)과 와이어로프 지름(d)의 양호한 비는 20 이상이다.

42 와이어로프(wire rope)의 교환 시기를 설명한 것으로 가장 알맞은 것은?

✓ ① 킹크(kink)가 발생한 경우
② 로프에 그리스가 많이 발라진 경우
③ 마모로 지름의 감소가 공칭지름의 3% 이상인 경우
④ 로프의 한 꼬임(스트랜드를 의미) 사이에서 소선 수의 7% 이상 소선이 절단된 경우

해설
줄걸이용 와이어로프의 사용 제한
• 한 꼬임에서 끊어진 소선의 수가 10% 이상인 것
• 지름의 감소가 공칭지름의 7%를 초과하는 것
• 꼬이거나 심하게 변형(이음매가 있는 것) 또는 부식된 것

43 그림의 '한쪽 팔 팔꿈치에 다른 손 손바닥을 떼었다. 붙였다.'하는 신호의 내용은?

① 마그넷 붙이기
② 천천히 조금씩 아래로 내리기
✓ ③ 보권 사용
④ 위로 올리기

해설
① 마그넷 붙이기 : 양쪽 손을 몸 앞에다 대고 꽉 낀다.
② 천천히 조금씩 아래로 내리기 : 한 손을 지면과 수평하게 들고 손바닥을 지면 쪽으로 하여 적게 흔든다.
④ 위로 올리기 : 집게손가락을 위로 해서 수평선을 크게 그린다.

44 지브크레인의 지브(붐) 길이(수평거리) 20m 지점에서 10t의 하물을 줄걸이하여 인양하고자 할 때 이 지점에서 모멘트는 얼마인가?

① 20t·m
② 100t·m
✓ ③ 200t·m
④ 300t·m

해설
모멘트 힘은 작용점에서 수평거리와 힘의 크기를 곱하면 나온다.
∴ 20 × 10 = 200t·m

45 '6×37'의 규격을 가진 와이어로프는 한 꼬임에서 최대 몇 가닥의 소선이 절단될 때까지 사용이 가능한가?

① 12   ✓② 22
③ 32   ④ 42

해설
크레인 와이어로프 교체 기준은 지름의 감소가 공칭지름의 7%를 초과하는 것이므로 (6×37)×7% = 15가닥
∴ 37 - 15 = 22가닥

46 사다리꼴 형상의 하물을 인양할 때의 줄걸이 방법으로 가장 올바른 것은?

① 1줄걸이   ② 2줄걸이
③ 3줄걸이   ✓④ 십자(+)걸이

해설
- 1줄걸이 : 하물이 회전할 위험이 상존하며 회전에 의해 로프 꼬임이 풀려 약하게 될 수 있으므로 원칙적으로는 적용을 금지한다.
- 2줄걸이 : 긴 환봉의 줄걸이 작업 방법으로 가장 바람직하다.
- 3줄걸이 : U자나 T자형의 형상일 때 적합하다.
- 4줄걸이(십자걸이) : 사다리꼴의 형상 등에 적합하다.

47 공칭지름 20mm의 와이어로프 지름을 측정 시 18.5mm이었을 경우 지름 감소율 및 사용가능 여부는?

① 7.0%, 사용 가능
✓② 7.5%, 사용 불가
③ 7.5%, 사용 가능
④ 9.3%, 사용 불가

해설
지름 감소율 = $\dfrac{(20-18.5)}{20} \times 100 = 7.5\%$
지름의 감소가 공칭지름의 7%를 초과하므로 사용 불가이다.

48 와이어로프의 심강을 3가지 종류로 구분한 것은?

✓① 섬유심, 공심, 와이어심
② 철심, 동심, 아연심
③ 섬유심, 랭심, 동심
④ 와이어심, 아연심, 랭심

해설
심강에는 섬유심, 공심, 와이어심 등이 있다.

49 2,000kg의 짐을 2줄걸이로 하여 줄걸이 로프의 각도를 60°로 매달았을 때 한쪽 줄에 걸리는 하중은 약 몇 kg인가?

① 2,310　　② 2,000
❸ 1,155　　④ 578

[해설]
로프에 작용하는 하중 = $\dfrac{\text{짐의 무게}}{\text{로프의 수}}$ ÷ 로프의 각(sin),
sin60° = 0.866
$\dfrac{2,000}{2}$ ÷ 0.866 = 1,155(kg)이다.

50 줄걸이 작업 시 일반 안전수칙과 가장 거리가 먼 것은?

① 인양할 물건의 중량 및 중심위치의 목측을 신중히 행한 후 작업을 실시한다.
❷ 줄걸이 로프의 상태를 확인할 때는 초기 장력을 받지 않은 상태에서 행한다.
③ 로프의 지름 및 손상 유무를 확인한다.
④ 체인, 섀클 등의 줄걸이 작업용구의 적정성을 확인 후 작업을 실시한다.

[해설]
와이어로프가 힘을 받으면 일단 정지하고 로프의 상태를 확인 후 신호에 따라 올린다.

51 산업안전보건법령상 안전보건표지의 종류 중 다음 그림에 해당하는 것은?

① 산화성물질경고
❷ 인화성물질경고
③ 폭발성물질경고
④ 급성독성물질경고

[해설]
안전보건표지

산화성물질경고	폭발성물질경고	급성독성물질경고

52 작업장에서 전기가 별도의 예고 없이 정전되었을 경우 전기로 작동하던 기계·기구의 조치 방법으로 가장 적합하지 않은 것은?

① 즉시 스위치를 끈다.
② 안전을 위해 작업장을 미리 정리해 놓는다.
③ 퓨즈의 단선 유무를 검사한다.
❹ 전기가 들어오는 것을 알기 위해 스위치를 켜 둔다.

[해설]
정전 시나 점검수리에는 반드시 전원 스위치를 내린다.

53 기계설비의 위험성 중 접선 물림점(tangential point)과 가장 관련이 적은 것은?

① V벨트 ✓ 커플링
③ 체인벨트 ④ 기어와 랙

해설
접선 물림점(tangential point)
- 회전하는 부분의 접선 방향으로 물려 들어가서 위험이 존재하는 점
- V벨트와 풀리, 체인과 스프로킷, 랙과 피니언 등

회전 말림점(trapping-point)
- 회전하는 물체에 작업복, 머리카락 등이 말려 들어갈 위험이 존재하는 점
- 축, 커플링, 회전하는 공구 등

54 다음 중 산업재해 조사의 목적에 대한 설명으로 가장 적절한 것은?

✓ 적절한 예방대책을 수립하기 위해
② 작업능률 향상과 근로기강 확립을 위해
③ 재해 발생에 대한 통계를 작성하기 위해
④ 재해를 유발한 자의 책임추궁을 위해

해설
산업재해 조사목적
산업재해를 업무상 재해와 업무상 질병으로 구분하여 재해 또는 질병 발생 원인을 심층적으로 분석함으로써 산업재해예방 정책수립과 연구·분석을 위한 기초자료 구축 및 제공을 위해

55 가스용기가 발생기와 분리되어 있는 아세틸렌 용접장치의 안전기 설치 위치는?

① 발생기
✓ 발생기와 가스용기 사이
③ 가스용접기
④ 용접토치와 가스용기 사이

해설
아세틸렌 용접장치의 안전기 설치 위치
- 취관
- 분기관
- 발생기와 가스용기 사이

56 벨트 취급 시 안전에 대한 주의사항으로 틀린 것은?

① 벨트에 기름이 묻지 않도록 한다.
② 벨트의 적당한 유격을 유지하도록 한다.
③ 벨트 교환 시 회전이 완전히 멈춘 상태에서 한다.
✓ 벨트의 회전을 정지시킬 때 손으로 잡아 정지시킨다.

해설
벨트의 회전을 정지시키기 위해 손으로 잡는 것은 매우 위험하므로 절대 금해야 한다.

57 연삭기의 안전한 사용 방법으로 틀린 것은?

① 숫돌 측면 사용 제한
② 숫돌덮개 설치 후 작업
③ 보안경과 방진 마스크 사용
❹ 숫돌과 받침대 간격을 가능한 넓게 유지

해설
연삭숫돌과 받침대 간격은 3mm 이내로 유지할 것

58 다음 중 가열, 마찰, 충격 또는 다른 화학물질과의 접촉 등으로 인하여 산소나 산화재 등의 공급이 없더라도 폭발 등 격렬한 반응을 일으킬 수 있는 물질이 아닌 것은?

① 질산에스테르류
② 나이트로화합물
❸ 무기화합물
④ 나이트로소화합물

해설
폭발성 물질
가열·마찰·충격 또는 다른 화학물질과의 접촉 등으로 인하여 산소나 산화제의 공급이 없더라도 폭발 등 격렬한 반응을 일으킬 수 있는 고체나 액체로서 다음 각목의 1에 해당하는 물질
가. 질산에스테르류
나. 나이트로화합물
다. 나이트로소화합물
라. 아조화합물
마. 다이아조화합물
바. 하이드라진 유도체
사. 유기과산화물
아. 그 밖에 가목부터 사목까지의 물질과 같은 정도의 폭발 위험이 있는 물질
자. 가목부터 아목까지의 물질을 함유한 물질

59 다음 중 보호구를 선택할 때 유의사항으로 틀린 것은?

① 작업 행동에 방해되지 않을 것
❷ 사용 목적에 구애받지 않을 것
③ 보호구 성능기준에 적합하고 보호 성능이 보장될 것
④ 착용이 용이하고 크기 등 사용자에게 편리할 것

해설
사용 목적에 적합한지를 확인하고 사용한다.

60 ILO(국제노동기구)의 구분에 의한 근로 불능 상해의 종류 중 응급조치 상해는 며칠간 치료를 받은 다음부터 정상작업에 임할 수 있는 정도의 상해를 의미하는가?

❶ 1일 미만
② 3~5일
③ 10일 미만
④ 2주 미만

해설
상해 정도별 분류
산업재해의 정도를 부상의 결과 생긴 노동 기능의 저하 정도에 따라 구분하는 방법
• 사망 : 안전사고로 사망하거나 혹은 부상의 결과로 사망한 것
• 영구 전노동 불능 상해 : 안전사고로 인한 부상으로 근로의 기능을 완전히 영구적으로 잃은 상해 정도(신체장애등급 제1~3급에 상당)
• 영구 일부 노동 불능 상해 : 안전사고로 인한 부상으로 신체의 일부가 영구히 노동 기능을 상실한 상해 정도 (신체장애등급 제4~14급에 상당)
• 일시 전노동 불능 상해 : 안전사고로 신체장애가 남지 않은 일반적인 휴업재해로서 의사의 진단에 따라 일정 기간 정규 노동에 종사할 수 없는 상해 정도
• 일시 일부 노동 불능 상해 : 의사의 진단에 따라 부상 다음날 또는 그 이후에 정규 노동에 종사할 수 없는 휴업 재해 이외의 것으로, 일시 취업 시간 중에 업무를 떠나 치료를 받는 정도의 상해
• 구급 처치 상해 : 응급 처치 또는 의료 조치를 받고 당일 정상작업에 임할 수 있는 상해 정도

제4회 기출복원문제

01 천장크레인용 시브 홈의 마모 한도는?

① 와이어로프 원 지름의 50%
② 와이어로프 원 지름의 40%
③ 와이어로프 원 지름의 30%
❹ 와이어로프 원 지름의 20%

해설
시브 홈은 이상 마모가 없고, 마모 한도는 와이어로프 지름의 20% 이하일 것

02 전자 접촉기의 개폐작동 불량 원인과 가장 거리가 먼 것은?

① 전압강하 과다
② 코일 단선
③ 접점의 과다 마모
❹ 전동기의 초고속 운전

해설
전자접촉기의 개폐 불량 원인
- 큰 전압강하
- 끊어진 코일
- 접점의 과다 마모
- 보조 접점의 접촉 불량
- 인터로크의 파손
- 조작회로의 고장

03 주행차륜 플랜지는 두께의 몇 % 이상 마모와 수직에서 몇 도(°) 이상의 변형이 생기면 교환하는가?

① 40%, 20 ② 40%, 10
③ 50%, 10 ❹ 50%, 20

해설
주행차륜의 마모
주행차륜 플랜지 두께의 마모한도는 주행·횡행 모두 원래 규격치수의 50%까지이며, 경사는 수직 위치에서 20°까지이다.

04 다음 중 훅을 교환해야 할 상태를 육안으로 가장 간단하고 쉽게 확인할 수 있는 것은?

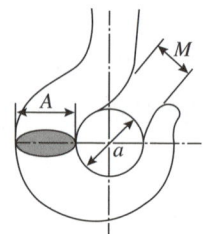

❶ 그림에서 M의 치수가 a의 치수와 같아진 것
② A 부분의 균열을 확인하기 위해 비파괴 검사한 것
③ 그림에서 훅의 인장응력이 변화된 것
④ 훅의 A의 치수가 원 치수의 20% 이상 마모인 것

해설
M의 치수가 a의 치수와 같아진 것은 측정에 의해 발견할 수 있다.

05 구름 베어링에 대한 설명으로 틀린 것은?

① 미끄럼 베어링에 비해 마찰손실이 적다.
② 미끄럼 베어링보다 소음이나 진동이 생기기 쉽다.
③ **미끄럼 베어링보다 충격에 강하다.**
④ 미끄럼 베어링에 비해 윤활과 보수가 용이하다.

> **해설**
> 구름 베어링(rolling bearing)의 단점
> • 값이 비싸다.
> • 충격하중에 약하다.
> • 하우징이 크게 되고 설치와 조립이 어렵다.
> • 소음 및 진동이 생기기 쉽다.
> • 전문적인 제작 공정이 필요하다.
> • 부분 수리가 불가능하므로 베어링 전체를 바꿔야 한다.

06 전자식 마그넷 브레이크(magnet brake)의 라이닝 두께가 25% 감소한 경우 가장 적합한 조치 방법은?

① 라이닝을 교환한다.
② 브레이크 드럼 지름을 크게 한다.
③ **스트로크를 조정한다.**
④ 특별한 조치를 하지 않아도 된다.

> **해설**
> 브레이크 라이닝 두께의 마모한도가 50%까지이므로 20% 감소되면 스트로크를 조정한 후 재사용한다.

07 천장크레인에서 버퍼 스토퍼(buffer stopper)란?

① 주행차륜에 부착하여 과속을 방지하는 장치
② **주행이나 횡행 시 충돌했을 때 충격을 완화하는 장치**
③ 권상장치의 과권 방지용 장치
④ 권하 시 너무 내리는 것을 방지하기 위해 드럼에 부착하는 장치

> **해설**
> 버퍼 스토퍼는 단단한 고무나 스프링 또는 유압을 이용하여 충돌 시 충격을 완화하는 장치이다.

08 안전장치에 사용하는 것으로 횡행, 주행 등의 운동에 대한 과도한 진행을 방지하는 기구는?

① 비상등   ② 경보장치
③ 타임 릴레이   ④ **리밋 스위치**

> **해설**
> 리밋 스위치
> 권상, 주행, 횡행 등 운동의 과행을 방지하기 위한 보호장치이다.

09 정전 또는 전압이 비정상적으로 저하되었을 때 스위치가 자동으로 열리는 것은?

① 역상 보호 계전기
✓ ② 무전압 보호장치
③ 타임 릴레이
④ 나이프 스위치

해설
① 역상 보호 계전기 : 권선의 변환 수리를 잘못해서 역전될 위험이 있을 때 사용된다.
③ 타임 릴레이 : 일정시간을 두고 다음 동작으로 이행할 때 사용한다.
④ 나이프 스위치 : 600V 이하의 전기 회로를 열고 닫는 데 사용하는 칼날 모양의 스위치

10 훅의 재질로 적당한 것은?

① 주철
✓ ② 기계구조용 탄소강
③ 합금 공구강
④ 구상흑연 주철

해설
훅의 재질은 탄소강 단강품이나 기계구조용 탄소강이며 강도와 연성이 작은 것이 바람직하다.

11 천장크레인의 비상정지용 누름 버튼에 대한 설명 중 틀린 것은?

① 누름 버튼을 누르면 작동 중인 동력이 차단된다.
② 누름 버튼의 머리 부분은 적색이다.
③ 누름 버튼의 머리 부분은 돌출되어 있다.
✓ ④ 누름 버튼은 작동 후 10초 후에 원래 상태로 복귀한다.

해설
누름 버튼은 적색으로 머리 부분이 돌출되고, 수동 복귀되는 형식이다.

12 정격하중이 20,000kg인 천장크레인의 훅(hook)은 파괴하중이 최소한 몇 kg 이상인 것을 사용해야 하는가?

① 40,000   ② 60,000
③ 80,000   ✓ ④ 100,000

해설
훅의 안전계수 5 이상으로 하고 있으며 이것은 축에 정격하중의 5배의 하중을 걸어서 파괴 여부를 시험한다. 20,000×5 = 100,000kg이므로 최소한 100,000kg 이상의 파괴하중인 것을 사용한다.

13 콘택트 세그먼트(contact segment)와 핑거(finger)가 접촉하여 직접 전동기를 작동시키는 방식은?

① 유니버설 제어기
② 캠형 제어기
③ **드럼형 제어기** ✓
④ 직렬 제어기

> **해설**
> ③ 드럼형 제어기 : 세그먼트(segment)와 핑거(finger)가 접촉해서 개폐를 하는 것으로 구조가 간단하고 견고하지만 대전류용에는 조작이 어렵다.
> ① 유니버설 제어기 : 1대의 제어기로 주간 제어기(master controller) 2대의 기능을 가져, 주행과 횡행 또는 주권과 보권을 같이 사용할 수 있고 설치면적이 절감되는 등의 특징을 가진 제어기
> ② 캠형 제어기 : 고정 및 가동의 양접촉자가 있으며 핸들 축에 장치한 캠에 의해 가동접촉자를 움직여서 개폐하게 되는 제어기
> ④ 직렬 제어기 : 아크 실드와 자기 블로아웃 코일을 가지고 있다.

14 주행용 트롤리선은 늘어남과 하중을 지지하기 위해 몇 m 간격마다 애자로 지지해야 하는가?

① 3   ② **6** ✓
③ 9   ④ 12

> **해설**
> 주행용 트롤리선은 약 6m 간격마다 애자로 지지한다.

15 천정크레인 거더의 중량을 경감할 수 있으나 휨이 가장 큰 거더는?

① I빔 거더   ② **강관 거더** ✓
③ 트러스 거더   ④ 박스 거더

> **해설**
> **거더의 종류**
> • 강관 거더 : 천정크레인 거더의 중량을 경감할 수 있으나 휨이 가장 큰 거더
> • I빔 거더 : I형 빔으로 구성된 거더
> • 트러스 거더(래티스 거더) : 앵글, 채널 등의 형강을 격자형으로 짜서 만든 거더
> • 박스 거더 : 거더 중 부식에 강하며 대 하중, 편심 하중을 받는 데 가장 유리한 거더

16 천장크레인의 와이어 드럼의 지름은 어떻게 정하는 것이 가장 좋은가?

① **드럼의 지름은 사용할 와이어로프의 지름보다 20배 이상이 적절하다.** ✓
② 드럼의 지름은 사용할 와이어로프의 소선 지름보다 300배 이상이 적절하다.
③ 드럼의 지름은 crab의 크기에 비례해서 정하는 것이 좋다.
④ 드럼의 지름은 hook의 크기에 비례해서 정하는 것이 좋다.

> **해설**
> 드럼 지름(D)과 와이어로프 지름(d)의 비는 20 이상이 적절하다.

17 기계식 과부하 방지장치에 대한 설명으로 옳은 것은?

❶ 구조가 간단하여 보수가 쉽다.
② 완전개방형 구조이다.
③ 이동형 보호장치로 취급이 간편하다.
④ 별도의 동작 전원이 필요하다.

> [해설]
> 기계식 과부하 방지장치의 특징
> • 구조가 간단하여 보수가 쉽고 반영구적이다.
> • 완전 밀폐형이며 철구조라 폭발성 지역, 산(酸)지역에서도 사용이 가능하다.
> • 정지형 보호장치로 취급이 간편하다.
> • 별도의 동작 전원을 요구하지 않는다.

18 도유기와 리밋 스위치에 대한 설명 중 틀린 것은?

① 차륜 도유기는 차륜 플렌지 또는 레일 측면에 소량의 오일을 자동으로 도유하는 기기이다.
② 차륜 도유기의 오일 탱크는 도유기 몸체보다 상부에 위치한다.
❸ 상용 리밋 스위치가 하한선에서 작동할 때 권상 훅의 위치는 보통 크래브 하단으로부터 0.5m 정도이다.
④ 중추식 리밋 스위치는 비상용으로 사용한다.

> [해설]
> 상용 리밋 스위치가 상한선에서 작동할 때 권상 훅은 크래브 하단으로부터 50mm 이상 유지되어야 한다.

19 천장크레인의 운동속도에 관한 사항 중 틀린 것은?

① 권상장치는 양정이 짧은 것이 느리고 긴 것이 빠르다.
② 권상장치는 하중이 가벼우면 빠르고 무거울수록 저속으로 한다.
❸ 횡행장치는 스팬의 길이에 관계없이 200m/min 정도의 속도를 채용한다.
④ 주행속도는 작업능력에 큰 관계가 없으므로 가능한 저속으로 한다.

> [해설]
> 주행 45m/min, 횡행속도는 일반적으로 180m/min 정도가 사용된다.

20 다음 중 주행 제동용으로 주로 사용하는 브레이크는?

① 마그네틱 오일 브레이크(magnetic oil brake)
② 에디 커런트 브레이크(eddy current brake)
❸ 오일 디스크 브레이크(oil disk brake)
④ 스피드 컨트롤 브레이크(speed control brake)

> [해설]
> 브레이크
> • 권상용 : 와류 브레이크(에디 커런트 브레이크)를 사용
> • 주행용 : 오일 디스크 브레이크, 스러스트(유압 압상) 브레이크
> • 횡행용 : 스러스트 브레이크

21 3상 권선형 유도전동기의 전류 제한 및 속도조정 목적으로 사용하는 것은?

① 브러시(brush)
② **2차 저항기** ✓
③ 회전자(rotor)
④ 슬립 링(slip ring)

> **해설**
> 권선형 유도전동기의 2차 회로에 부착되어 저항 양을 조정함으로써 속도를 변속하는 역할을 한다.

22 주기적인 정비를 위한 예비품목 중 가장 거리가 먼 것은?

① 모터 브러시   ② **제어반(패널)** ✓
③ 콜렉터 브러시   ④ 제어기 접점

> **해설**
> 예비품을 두어야 하는 목적
> • 운전 중 고장이 쉽게 발생하는 부품에 대해 정비시간을 단축시킨다.
> • 예비품목 : 브러시와 홀더, 제어기 접점, 브레이크 라이닝, 퓨즈, 램프(전구) 등

23 궤도륜 사이에 있는 전동체가 굴림 운동을 하며 볼, 원통, 테이퍼 롤러 등의 종류로 분류할 수 있는 베어링은?

① 스러스트 베어링
② 점접촉 베어링
③ **구름 베어링** ✓
④ 미끄럼 베어링

> **해설**
> 구름 베어링
> • 두 개의 표면이 전동체(轉動體)에 의해 서로 분리되어 있는 베어링이다.
> • 두 개의 궤도륜 사이에 있는 전동체가 굴림 운동을 하며 볼, 원통, 테이퍼 롤러 등의 종류로 분류할 수 있다.

24 크레인 점검 작업 시 유의사항으로 틀린 것은?

① 점검작업을 할 때는 '점검 중' 등의 위험 표지를 설치한다.
② 정지하여 점검 작업을 할 때는 동력원 스위치를 끄고 한다.
③ 점검작업을 할 때는 필요한 안전 보호구를 착용한다.
④ **동일 주행로상에서 다른 크레인의 주행을 제한하면 곤란하다.** ✓

> **해설**
> 동일 주행레일에 여러 대의 크레인이 설치되어 있는 경우, 크레인에 탑승하여 점검을 할 때는 적당한 곳에 임시스토퍼 등을 설치하여 다른 크레인의 주행을 제한하는 것을 고려할 것

25 권상하중 50t, 권상속도 1.5m/min인 천장 크레인의 권상 전동기 출력은 약 얼마인가?(단, 권상 전동기의 효율은 70%이다)

① 12.2kW ② 13.0kW
③ **17.5kW** ④ 18.5kW

[해설]
전동기 출력 $= \dfrac{권상하중 \times 권상속도}{6.12 \times 권상기효율}$
$= \dfrac{50 \times 1.5}{6.12 \times 0.7}$
$= 17.5(kW)$

26 기어에서 소음이 발생하는 원인이 아닌 것은?

① 백래시(backlash)가 너무 적을 경우
② 기어 축의 평행도가 나쁠 경우
③ 치면에 흠이 있거나 다듬질의 정도가 나쁠 경우
④ **오일을 과다하게 급유한 경우**

[해설]
기어의 소음 발생 원인
- 백래시(backlash)가 너무 적을 경우
- 기어축의 평행도가 나쁠 경우
- 치면에 흠이 있거나 다듬질의 정도가 나쁠 경우
- 윤활유가 없거나 부적당한 오일일 경우
- 피치 오차가 클 경우
- 기어의 물림이 불량할 경우

27 베어링이 고착되는 경우와 가장 거리가 먼 것은?

① 급유가 불충분한 경우
② 급유 오일의 선정이 잘못된 경우
③ 과부하로 베어링의 유막이 파괴된 경우
④ **저속으로 회전하는 경우**

[해설]
고착현상은 베어링에 오일 공급 불충분, 불량 오일 급유, 유막의 파괴 등이 원인이다.

28 주행 집전장치(pantograph)의 집전자(collector shoe)에 주로 사용하는 브러시로 맞는 것은?

① 플라스틱 브러시
② **카본 브러시**
③ 은 접점 브러시
④ 알루미늄 브러시

[해설]
전기장치에 사용하는 브러시는 금속계 흑연, 구리, 카본 브러시 등이 사용된다.

29 감속기에 대한 설명 중 틀린 것은?

① 감속기의 1단 기어는 10% 정도 마모되었을 때 교환하는 것이 좋다.
② 기어 케이스 내에 공급하는 오일은 보통 2,000시간마다 교환한다.
③ **축은 회전축과 전동축으로 구분된다.**
④ 커플링은 축 이음 장치이다.

[해설]
축은 전동축과 차축으로 구분된다.

30 천장크레인용 전동기에서 직류전동기로 가장 많이 사용하는 것은?

① **직권전동기**
② 분권전동기
③ 차동복권전동기
④ 농형 유도전동기

해설
천장크레인 전동기에서는 직류전동기-직권전동기, 교류전동기-권선형 전동기가 주로 사용된다.

31 입력 전압이 440V, 60Hz인 3상 유도전동기에서 극수가 4극, 회전자 속도가 1,760 rpm일 때 이 전동기의 슬립률은 얼마인가?

① **2.2%**
② 4.3%
③ 13.2%
④ 20.3%

해설
동기속도(N_s) = $\dfrac{120f}{P}$ 이므로 $\dfrac{120 \times 60}{4}$ = 1,800(rpm)

슬립률 = $\dfrac{N_s - N}{N_s} \times 100 = \dfrac{1,800 - 1,760}{1,800} \times 100$
= 2.2(%)

32 원활한 운전작업을 하기 위한 방법 중 틀린 것은?

① 운전 중 운전자는 항상 기계 각부의 이상 음향, 이상 진동에 주의한다.
② 정지 상태에서 출발 시 갑자기 전속력으로 운전해서는 안 된다.
③ **운전자는 물건을 들고 지나온 경로를 되돌아보며 운전을 올바르게 했느냐를 항상 반성하며 운전해야 한다.**
④ 작업종료 후에는 꼭 소정의 위치에 정지시킨 후 전원을 off한다.

해설
운전자는 물건을 들고 지나온 경로를 되돌아 볼 필요는 없다.

33 그리스를 주입하면 안 되는 곳은?

① 베어링
② **브레이크 라이닝**
③ 감속기 기어
④ 커플링 취부 시 모터 축 사이

해설
그리스가 브레이크 라이닝과 드럼에 묻으면 미끄러져 제동되지 않는다.

34 트롤리(trolley) 동선의 좌우 고저 차는 기준면에서 몇 mm 이하를 유지해야 하는가?

① ±2 ✓
② ±4
③ ±6
④ ±8

해설
트롤리 동선의 좌우 고저 차이는 기준면에서 ±2mm 이하를 유지해야 한다.

35 키(key)의 재료 성질 중 적당한 것은?

① 축재료보다 연한 강철재
② 축재료보다 강한 강철재 ✓
③ 마찰계수가 작아 미끄러운 것
④ 축재료보다 강한 주철재

해설
키의 재료는 축보다 약간 단단한 강철재를 사용한다.

36 크레인을 이용한 운반작업에 있어서 고려해야 할 사항으로 알맞지 않은 것은?

① 한 번에 많은 하물을 운반하여 운반 횟수를 줄인다. ✓
② 이동하는 거리를 짧게 한다.
③ 될 수 있는 한 전용의 줄걸이 용구를 사용한다.
④ 위험 범위를 명확히 한다.

해설
크레인은 시방으로 정해진 능력 이상의 작업을 절대로 해서는 안 된다.

37 천장크레인 작업에서 안전담당자의 임무가 아닌 것은?

① 작업 방법과 근로자의 배치를 결정하고 작업을 지휘
② 재료의 결함 유무 또는 기구 및 공구의 기능을 점검하고 불량품을 제거
③ 작업 중 안전대와 안전모의 착용상황을 감시
④ 작업을 지휘하는 자를 선임하여 그에 의해 작업 실시하도록 조치 ✓

해설
작업을 지휘하는 자를 선임하는 것은 경영자나 소유자 담당이다.

38 스파크(spark) 발생 비율에 대한 사항 중 틀린 것은?

① 접촉면에 요철이 심하면 스파크가 심하다.
② 전로를 닫을 때 보다 열(off) 때가 스파크가 많다.
③ 접촉점 간에 전압이 클수록 스파크가 많다.
④ 교류보다 직류가 스파크가 작다. ✓

해설
교류보다 직류에서 많다.

39 방폭구조로 된 전기설비의 구비조건이 아닌 것은?

① 시건장치를 할 것
② 접지를 할 것
③ 퓨즈를 사용할 것
✓ ④ 환기가 잘 되도록 할 것

[해설]
도선의 인입방식을 정확히 채택할 것

40 크레인 운전조작의 주의사항에 관한 설명으로 틀린 것은?

✓ ① 화물이 지면에서 떨어지는 순간의 권상은 빠른 속도로 권상한다.
② 줄걸이 작업 위치까지 훅을 권하할 때 필요 이상으로 권하하지 않는다.
③ 화물의 중심 위에 훅의 중심이 오도록 횡행, 주행 조작 등에 의해 위치를 결정한다.
④ 화물위치에 크레인을 이동시킬 경우 훅을 지상의 설비 등에 부딪치지 않을 높이까지 권상하여 크레인을 수평 이동시킨다.

[해설]
권상이나 권하 작업 모두 천천히 안전상태를 확인하면서 하도록 한다.

41 지브크레인에서 줄걸이 작업자의 위치는? (단, 작업반지름 밖이다)

① 기복, 선회 방향의 15°의 위치
② 기복, 선회 방향의 25°의 위치
③ 기복, 선회 방향의 35°의 위치
✓ ④ 기복, 선회 방향의 45°의 위치

[해설]
줄걸이 작업자의 위치
• 천장크레인 : 주행, 횡행 방향의 45° 위치
• 지브크레인 : 기복, 선회 방향의 45° 위치

42 힘의 3요소는?

① 힘의 크기, 힘의 무게, 힘의 단위
✓ ② 힘의 방향, 힘의 작용점, 힘의 크기
③ 힘의 크기, 힘의 방향, 힘의 강도
④ 힘의 무게, 힘의 거리, 힘의 작용점

[해설]
힘의 3요소
• 힘의 크기
• 힘의 방향
• 힘의 작용점

43 줄걸이 방법 중 훅걸이의 종류가 아닌 것은?

① 눈걸이   ② 어깨걸이
❸ 이중걸이   ④ 짝감아걸이

해설
훅걸이의 종류
- 눈걸이 : 모든 줄걸이 작업은 눈걸이를 원칙으로 한다.
- 반걸이 : 미끄러지기 쉬우므로 엄금한다.
- 짝감아걸이 : 가는 와이어로프일 때
- 짝감아걸이 나머지 돌림 : 4가닥 걸이로 꺾어 돌림을 할 때
- 어깨걸이 : 굵은 와이어로프일 때
- 어깨걸이 나머지 돌림 : 4가닥 걸이로 꺾어 돌림을 할 때

44 와이어 손상의 분류에 대한 설명으로 틀린 것은?

① 와이어는 사용 중 시브 및 드럼 등의 접촉에 의해 마모가 생기는데, 이때 지름 감소가 7% 시 교환한다.
❷ 사용 중 소선의 단선이 전체 소선 수의 50%가 단선이 되면 교환한다.
③ 과하중을 들어 올릴 경우 내·외층의 소선이 맞부딪치게 되어 피로현상을 일으키게 된다.
④ 열의 영향으로 강도가 저하되는데, 이 때 심강이 철심일 경우 300℃까지 사용이 가능하다.

해설
사용 중 와이어로프의 한 가닥에서 소선 수의 10% 이상 절단되면 교환한다.

45 와이어로프 가공 방법 중 엮어 넣기를 할 때 엮어 넣는 길이는 로프 지름의 몇 배가 가장 적당한가?

① 5~10   ② 15~20
③ 20~30   ❹ 30~40

해설
로프의 엮어 넣기(스플라이스법)의 엮어 넣는 정도는 와이어 지름의 30~40배가 적당하다.

46 크레인 권상장치에 절단하중 37.7t이 되는 25mm인 와이어로프가 드럼에서 2줄 내려와 설치되어 있다. 이 로프로 약 몇 t까지 사용 가능한가?(단, 안전율은 6이다)

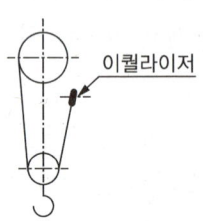

① 6   ❷ 12
③ 20   ④ 25

해설
와이어로프의 안전율
$$f = \frac{F \cdot N \cdot \eta}{Q}$$
(여기서, f : 안전율, F : 절단하중(t), N : 와이어로프 줄 수, η : 도르래 조합 효율, Q : 권상하중(t))
$$6 = \frac{37.7 \times 2}{x} ≒ 12.57(t)$$

47 와이어로프의 쐐기 고정법은?

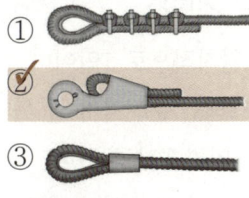

[해설]
① 클립
③ 심블
④ 아이스플라이스

48 건설현장에서 와이어로프 점검 시 적절한 방법이 아닌 것은?

① 파단 상태의 점검
② 제작 방법의 점검 ✓
③ 형상 변형 점검
④ 마모 및 부식 상태 점검

[해설]
와이어로프의 점검항목
• 소선 절단, 파단 상태 점검
• 지름 감소
• 킹크, 형상 변형
• 마모 및 부식 상태 점검
• 이음 부분, 단말 처리부 이상

49 그림은 작업자가 크레인 운전자에게 어떻게 운전하라는 수신호인가?

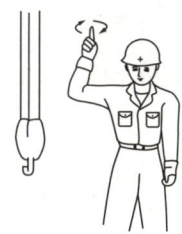

① 훅을 돌린다.
② 훅을 올린다. ✓
③ 훅을 내린다.
④ 훅을 정지시킨다.

50 와이어로프의 안전계수가 5이고 절단하중이 20,000kg일 때 안전하중은?

① 6,000kg   ② 5,000kg
③ 4,000kg ✓   ④ 2,000kg

[해설]
$$안전하중 = \frac{절단하중}{안전계수} = \frac{20,000}{5} = 4,000(kg)$$

51 다음 중 일반적으로 장갑을 끼고 작업할 경우 안전상 가장 적합하지 않은 작업은?

① 전기용접 작업
② 타이어 교체 작업
③ 건설기계운전 작업
④ 선반 등의 절삭가공 작업 ✓

[해설]
선반 작업에서 장갑을 착용 시 손이 선반에 말려들어 갈 수 있으므로 장갑은 착용하지 않는다.

52 다음 중 산소결핍의 우려가 있는 장소에서 착용해야 하는 마스크의 종류는?

① 방독 마스크　② 방진 마스크
③ **송기 마스크** ✓　④ 가스 마스크

[해설]
③ 송기 마스크 : 산소결핍 장소 또는 가스·증기·분진 흡입 등에 의한 근로자의 건강장해의 예방을 위해 사용
① 방독 마스크 : 유해물질 등에 노출되는 것을 막기 위해 착용
② 방진 마스크 : 분진, 미스트 또는 퓸이 호흡기를 통하여 체내에 유입되는 것을 방지하기 위해 사용
④ 가스 마스크 : 유독가스, 세균, 방사성 물질 등으로부터 인체를 보호하기 위해 사용

54 크레인 인양작업 시 줄걸이 안전사항으로 적합하지 않은 것은?

① 신호자는 원칙적으로 1인이다.
② 신호자는 크레인 운전자가 잘 볼 수 있는 안전한 위치에서 행한다.
③ 2인 이상의 고리 걸이 작업 시에는 상호 간에 소리를 내면서 행한다.
④ **권상 작업 시 지면에 있는 보조자는 와이어로프를 손으로 꼭 잡아 하물이 흔들리지 않게 해야 한다.** ✓

[해설]
하물이 흔들리거나 무너지는 것을 방지하기 위해 손으로 누르지 않는다. 하물을 지탱할 필요가 있을 때는 고리를 사용하거나 보조 로프를 사용한다.

53 다음 중 전기설비 화재 시 가장 적합하지 않은 소화기는?

① **포 소화기** ✓
② 이산화탄소 소화기
③ 무상 강화액 소화기
④ 할로겐화합물 소화기

[해설]
소화기의 종류와 적용 화재

소화기의 종류	적용하는 화재				화재의 분류
	A급 (백색)	B급 (황색)	C급 (청색)	D급 (·)	
산·알칼리 소화기	○	○			A급 화재 : 일반 화재 B급 화재 : 유류 화재 C급 화재 : 전기 화재 D급 화재 : 금속 화재
포 소화기	○	○			
이산화탄소 소화기		○	○		
할로겐화합물 소화기		○	○		
분말 소화기	○	○	○		
건조사				○	

55 다음 중 안전보건표지의 구분에 해당하지 않는 것은?

① 금지표지　② **성능표지** ✓
③ 지시표지　④ 안내표지

[해설]
안전표지에는 금지표지, 경고표지, 지시표지, 안내표지가 있다.

56 다음 중 사용구분에 따른 차광보안경의 종류에 해당하지 않는 것은?

① 자외선용　② 적외선용
③ 용접용　④ **비산 방지용** ✓

[해설]
차광보안경의 종류 : 자외선용, 적외선용, 복합용, 용접용

57 산업안전보건법상 산업재해의 정의로 옳은 것은?

① 고의로 물적 시설을 파손한 것을 말한다.
② 운전 중 본인의 부주의로 교통사고가 발생된 것을 말한다.
③ 일상 활동에서 발생하는 사고로서 인적 피해에 해당하는 부분을 말한다.
❹ 노무를 제공하는 사람이 업무에 관계되는 건설물·설비·원재료·가스·증기·분진 등에 의하거나 작업 또는 그 밖의 업무로 인하여 사망 또는 부상하거나 질병에 걸리는 것을 말한다.

58 무거운 물건을 들어 올릴 때의 주의사항에 관한 설명으로 가장 적합하지 않은 것은?

❶ 장갑에 기름을 묻히고 든다.
② 가능한 이동식 크레인을 이용한다.
③ 힘센 사람과 약한 사람과의 균형을 잡는다.
④ 약간씩 이동하는 것은 지렛대를 이용할 수도 있다.

[해설]
장갑에 기름을 묻히고 들면 미끄러질 수 있으므로 적합하지 않다.

59 산업재해의 원인은 직접 원인과 간접 원인으로 구분하는데 다음 직접 원인 중에서 불안전한 행동에 해당하지 않는 것은?

① 허가 없이 장치를 운전
❷ 불충분한 경보 시스템
③ 결함 있는 장치를 사용
④ 개인 보호구 미사용

[해설]
불안전한 행동은 재해를 일으키는 직접 요인인 인적 요인을 말한다.
불충분한 경보 시스템은 불안전한 상태에 의한 것이다.

60 해머 사용 시 안전에 주의해야 할 사항으로 틀린 것은?

① 해머 사용 전 주위를 살펴본다.
② 담금질한 것은 무리하게 두들기지 않는다.
❸ 해머를 사용하여 작업할 때에는 처음부터 강한 힘을 사용한다.
④ 대형 해머를 사용할 때는 자기의 힘에 적합한 것으로 한다.

[해설]
해머로 타격할 때에는 처음과 마지막에는 힘을 많이 가하지 말아야 한다.

제5회 기출복원문제

01 천장크레인 운전실의 종류가 아닌 것은?

① 개방형 운전실
❷ 개방 단열형 운전실
③ 밀폐형 운전실
④ 밀폐 단열형 운전실

[해설]
개방된 운전실에서는 단열작용의 효과를 얻을 수 없으므로, 개방 단열형 운전실은 없다.

02 천장크레인 크래브 부분의 점검사항으로 틀린 것은?

① 크레인 운전 중 크래브에서 발생하는 소음을 점검한다.
❷ 크래브에 설치된 주행장치의 이상 유무를 점검한다.
③ 크래브에 부착된 안전난간의 이상 유무를 점검한다.
④ 크래브 프레임의 용접부 균열발생 유무를 점검한다.

[해설]
크래브는 권상장치와 횡행장치로 구성되어 있으며 와이어로프를 통하여 훅을 가지고 있다.

03 국내에서 천장크레인의 공칭용량 단위는?

❶ 톤
② 파운드
③ 미터
④ 온스

[해설]
우리나라는 미터법을 기준으로 하며 크레인의 공칭용량 단위는 톤(t)이다.

04 기어의 두 축이 교차하면서 가장 큰 감속비로 감속하는 기어는?

❶ 웜과 웜 기어
② 나사 기어
③ 베벨 기어
④ 랙과 피니언

[해설]
기어와 축의 관계
- 두 축의 교차된 기어 : 베벨 기어
- 두 축의 평행한 기어 : 스퍼 기어, 헬리컬 기어
- 두 축이 평행도, 교차도 하지 않는 기어 : 웜과 웜 기어

05 콘택트 세그먼트(contact segment)와 핑거(finger)가 접촉하여 직접 전동기를 작동시키는 방식은?

① 콤비네이션 제어기
② 유니버설 제어기
③ 캠형 제어기
❹ **드럼형 제어기**

해설
- 드럼형 제어기 : 세그먼트(segment)와 핑거(finger)가 접촉해서 개폐를 하는 것으로 구조가 간단하고 견고하지만 대전류용에는 조작이 어렵다.
- 유니버설 제어기 : 1대의 제어기로 주간 제어기(master controller) 2대의 기능을 가져, 주행과 횡행 또는 주권과 보권을 같이 사용할 수 있고 설치면적이 절감되는 등의 특징을 가진 제어기
- 캠형 제어기 : 고정 및 가동의 양접촉자가 있으며 핸들축에 장치한 캠에 의해 가동접촉자를 움직여서 개폐하는 제어기

06 권하 속도가 빠를수록 좋은 천장크레인은?

① 원료장입 크레인
② 주기 크레인
③ 강괴 크레인
❹ **담금질 크레인**

해설
담금질 크레인은 재료를 담금질하는 데 사용하는 크레인으로 냉각수 유조 내에 재료를 단시간 내 넣기 위해 내려가는 속도가 빠를수록 좋다.

07 홈이 있는 드럼에 와이어로프가 감길 때 와이어로프 방향과 홈 방향의 각도는 몇 도 이내인가?

❶ **4**
② 8
③ 12
④ 16

해설
와이어로프의 감기
- 권상장치 등의 드럼에 홈이 있는 경우 플리트(fleet) 각도는 4° 이내여야 한다.
- 권상장치 등의 드럼에 홈이 없는 경우 플리트 각도는 2° 이내여야 한다.

08 화물을 권상시킬 때, 작업안전을 위해 급정지할 수 있도록 설치되어 있는 일종의 방호장치는?

① 충돌 방지장치(anti collision)
❷ **비상정지장치(emergency stop switch)**
③ 레일 클램프장치(rail clamp)
④ 훅 해지장치(hook latch)

해설
- 충돌 방지장치 : 동일한 주행로 상에 2대 이상의 크레인을 설치하는 경우 크레인 상호 간 충돌을 방지하기 위한 장치
- 레일 클램프장치 : 옥외(屋外)의 크레인 본체를 주행레일에 체결하여 고정하는 안전장치
- 훅 해지장치 : 줄걸이 용구인 와이어로프 슬링 또는 체인, 섬유벨트 슬링 등을 훅에 걸고 작업 시 이탈하지 않도록 방지하는 장치

09 크레인에 설치하는 완충장치에 대한 설명으로 옳지 않은 것은?

① 완충장치는 레일 양 끝단에 설치된 스토퍼에 크레인이 부딪쳤을 때, 충격을 완화하는 역할을 한다.
❷ 호이스트나 크래브 트롤리식 스토퍼는 차륜 지름의 1/4 미만의 높이로 레일에 용접하여 사용한다.
③ 주행레일의 스토퍼는 차륜 지름의 1/2 이상 높이로 한다.
④ 고속 크레인에 사용하는 완충장치에는 경질고무 버퍼, 우레탄고무 버퍼, 스프링식 및 유압식이 있다.

> 해설
> 횡행차륜의 스토퍼는 차륜 지름의 1/4 이상의 높이로 레일에 용접하여 설치하고 주행레일의 스토퍼는 차륜 지름의 1/2 이상 높이로 볼트로 고정하여 설치한다.

10 천장크레인의 완성검사 시 시험하중은?

① 정격하중의 100%
❷ 정격하중의 110%
③ 정격하중의 125%
④ 정격하중의 150%

> 해설
> 시험하중은 크레인 제작 시 시험(test)용으로 정격하중의 110%의 부하를 걸어 크레인 각 부분의 이상 유무를 검사하는 하중이다.

11 드럼 지름(D)과 와이어로프 지름(d)의 최소 비율(D/d)은?

① 5
② 10
③ 15
❹ 20

> 해설
> 드럼 지름(D)과 와이어로프 지름(d)의 양호한 비율(D/d)은 20 이상이다.

12 디스크 브레이크 시스템에서 제동 시 제동압력은 발생하는데 제동이 잘 안 되는 이유와 거리가 먼 것은?

① 디스크 브레이크 오일에 공기가 침투된 상태
② 디스크 브레이크 라이닝에 물이 묻어 있는 상태
❸ 디스크 브레이크 파이프가 파손된 상태
④ 디스크 브레이크 라이닝에 기름이 묻어 있는 상태

> 해설
> 디스크 브레이크 파이프가 파손되면 페달을 밟아도 압력이 생기지 않는다.

13 와이어로프 사용상 주의사항으로 틀린 것은?

① 새로운 로프로 교체 후 초기 운전 시에는 사용정격하중의 1/2 정도를 걸고 저속으로 여러 번 시운전을 해야 한다.
② 드럼에 로프를 감을 때에는 가능한 당기면서 감아야 한다.
❸ 로프의 수명을 연장하려면 적정하중으로 운전 횟수를 늘리는 편보다 과하중 횟수를 줄이는 것이 유리하다.
④ 짐을 매다는 경우에는 4줄걸이 이상으로 한다.

해설
로프의 하중이 증가할수록 손상의 진행이 빨라지므로 과하중에 의해 운전 횟수가 줄어든 것보다 적정하중으로 사용하여 운전 횟수를 증가하는 것이 로프의 수명을 연장시킨다.

14 전자식 과부하 방지장치를 설명한 것으로 옳은 것은?

① 내부의 마이크로 스위치를 동작하여 운전 상태를 정지하는 안전장치이다.
② 변화하는 중량을 아날로그로 표시, 편의성을 향상시켰으며 가격도 저렴하다.
③ 스트레인 게이지의 전자식 저항 값의 변화에 따라 아주 민감하게 동작하는 방호장치이다.
❹ 감지 방법은 하중의 방향에 따라 인장 로드 셀 방법, 압축 로드 셀 방법이 있다.

해설
전자식 과부하 방지장치
• 스트레인 게이지(로드 셀), 컨트롤 부분으로 구성되어 있으며, 크레인으로 하물을 권상 시 최대 허용하중(정격하중 110%) 이상이 되면 과적재를 알리면서 자동으로 운반작업을 중단하는 과적에 의한 사고예방장치이다.
• 변화하는 중량을 디지털로 표시하여 알려 주는 아주 편리한 안전장치이지만, 가격이 비싸다는 단점이 있다.
• 로드 셀에 부착되어 있는 스트레인 게이지의 전기식 저항값의 변화에 따라 아주 민감하게 동작하는 신호장치이다.

15 전자 브레이크의 전자석이 소리를 내며 과열, 소손되는 경우 점검사항과 관계가 없는 것은?

✔ ① 압출봉 출입구 패킹부에서 물이 침입하여 내부에 녹이 발생하여 있지 않은가
② 풀리와 라이닝의 틈새가 너무 적지 않은가
③ 스트로크가 너무 크지 않은가
④ 브레이크 라이닝이 과열하였는가

> **해설**
> 전자 브레이크의 전자석이 소리를 내며 과열, 소손되는 경우 점검사항
> • 각 링크의 핀 류가 부식 또는 도장으로 굳어 있지 않은가
> • 풀리와 라이닝의 틈새가 너무 적지 않은가
> • 스트로크가 너무 크지 않은가
> • 브레이크 라이닝이 과열하지 않은가

16 전동기의 일반적인 사항을 설명한 것으로 틀린 것은?

① 분권식의 경우 부하변동에 관계없이 일정한 속도로 운전된다.
② 브러시와 홀더는 예비부품으로 준비해 둘 필요가 있다.
✔ ③ 카본 브러시의 마모한도는 원래 치수의 20%까지이다.
④ 모터의 전원전압이 너무 낮아도 과열된다.

> **해설**
> 브러시는 이상 마모가 없어야 하며 마모한도는 원 치수의 50% 이하일 것

17 훅에 대한 설명 중 틀린 것은?

✔ ① 목 부분이 30% 이내 벌어진 것까지만 사용한다.
② 균열 검사는 적어도 연 1회 실시한다.
③ 홈 자국 깊이가 2mm가 되면 평활하게 다듬어야 한다.
④ 균열된 훅은 용접해서 사용할 수 없다.

> **해설**
> 훅 입구의 벌어짐이 20% 이상이면 교환해야 한다.

18 주행차륜의 지름이 400mm이고, 주행 모터의 회전수가 3,000rpm이며, 감속비가 1/100일 때, 주행속도는 대략 몇 m/min 인가?

✔ ① 38   ② 68
③ 80   ④ 120

> **해설**
> 주행속도 $= \pi \times$ 차륜의 지름(m) $\times$ 전동기 회전속도 $\times$ 감속비
> $= \dfrac{\pi \times 0.4 \times 3{,}000}{100}$
> ≈ 38(m/min)

19 천장크레인의 안전장치가 아닌 것은?

① 리밋 스위치
② 전자 브레이크
③ 과부하 계전기
✔ ④ 전동기

> **해설**
> 전동기는 전기에너지를 기계에너지로 바꾸는 장치이다.

20 권선형 유도전동기의 2차 저항 제어 방식의 특징으로 틀린 것은?

① 1차 저항 값의 가변에 의해 속도가 제어된다.
② 어떤 용량의 전동기에도 제어가 가능하다.
③ 기동 시 쿠션 스타트로서도 사용된다.
④ 부하 변동에 의한 속도 변동이 크다.

해설
2차 저항 값의 가변에 의해 속도가 제어된다.

22 집전장치의 종류 중 대전류용 또는 고압용이며 레일과 접촉하는 위쪽 접촉부위가 마모를 경감시키도록 되어 있는 형식은?

① 슈형　　② 고정형
③ 폴형　　④ 펜던트형

해설
집전장치의 종류
- 슈형 : 대전류용 또는 고압용이며 레일과 접촉하는 위쪽 접촉편은 마모를 경감시키도록 되어 있다.
- 고정형 : 트롤리선의 자체중량을 접촉압력으로 사용한다.
- 폴형 : 폴(pole)이 휠의 선단을 떠받쳐 하부에 설치한 스프링의 힘으로 트롤리선과 적당한 압력으로 접촉하게 한 방식이다. 주로 저속형에서 사용한다.
- 팬터그래프형 : 고속형 천장크레인의 집전장치로 중간 지지를 갖는 수평배열이며 휠이나 슈를 사용한다.

21 스퍼 기어에서 잇수가 18개인 피니언이 1,000rpm으로 회전하고 있다. 기어를 450rpm으로 회전시키려면 기어의 잇수는 몇 개로 해야 하는가?

① 40　　② 70
③ 150　　④ 250

해설
$Z_2 = \dfrac{R_2 \times Z_1}{R_1} = \dfrac{1,000 \times 18}{450} = 40(개)$

23 권상하중 40t, 권상속도 1.5m/min인 천장크레인의 전동기의 출력(kW)은?

① 9.8　　② 13.3
③ 58.8　　④ 588

해설
전동기출력 $= \dfrac{권상하중 \times 권상속도}{6.12 \times 권상기효율}$

$= \dfrac{40 \times 1.5}{6.12}$

$≒ 9.8(kW)$

24 미끄럼 베어링에 대한 설명 중 틀린 것은?

① 구조가 간단하고 값이 싸다.
❷ 충격에 견디는 힘이 적다.
③ 베어링 교환이 간단하다.
④ 시동 저항이 크다.

해설
구름 베어링보다 충격에 강하다.

25 전동기가 기동을 하지 않는 원인이 아닌 것은?

① 터미널의 이완
② 단선
③ 커넥션의 접촉 불량
❹ 훅의 마모

해설
전동기가 기동을 하지 않는 원인
- 터미널의 이완
- 단선
- 커넥션의 접촉 불량
- 전압강하가 클 때

26 고정자, 회전자, 베어링, 냉각팬, 엔드 브래킷으로 구성되어 있으며 고정자는 철심과 철심 안쪽에 파인 홈에 감겨 있는 권선으로 되어 있는 방식의 전동기는?

① 직권식 전동기
❷ 농형 유도전동기
③ 권선형 유도전동기
④ 분권식 전동기

해설
농형 유도전동기는 브러시를 사용하지 않는 전동기이다.

27 기계요소 키(key)에 대한 설명으로 틀린 것은?

① 축과 회전체를 일체로 하여 회전력을 전달하는 기계요소이다.
❷ 축과 회전체의 원주방향으로의 이동이 가능하다.
③ 재료는 축 재료보다 약간 강하다.
④ 급유할 필요가 없다.

해설
키는 회전체를 축에 고정하는 데 사용된다.

28 천장크레인으로 하물을 권상할 때 운전 방법 중 가장 양호한 것은?

① 하물을 조금씩 들어 올리고 그때마다 제어기를 off시켜 브레이크 지지능력을 확인한다.
② 천장크레인은 정격하중의 110%는 들어 올릴 수 있으므로 평소와 같이 권상한다.
❸ 지면에서 20cm쯤 위치에서 일단정지하고, 줄걸이 이상 여부를 확인한다.
④ 안전을 위해 권상작업을 하지 않는다.

해설
① 하물이 지면에 떨어질 때(또는 기계에서 분리할 때) 로프가 완전히 힘을 받을 때까지 천천히 올린다.
② 정격하중 이상의 중량물 권상을 금지한다.
④ 권상과 주행은 될 수 있는 한 동시에 하지 않는다.

29 운전 시 집전장치에서 과대한 스파크가 발생할 때 점검해야 할 사항은?

✓ ① 집전자의 과대 마모에 의한 접촉 불량
② 전동기 회전수
③ 브레이크 라이닝 간격
④ 리밋 스위치

> **해설**
> ②, ③, ④는 집전장치에 해당하지 않는다.

30 천장크레인으로 물건을 운반할 때 주의할 사항 중 거리가 먼 것은?

① 적재물이 떨어지지 않도록 한다.
② 부하물 위에 사람을 태워서는 안 된다.
✓ ③ 경우에 따라서는 과부하 하중 이상의 무게를 매달 수 있다.
④ 줄걸이 와이어로프의 안전 여부를 항상 확인한다.

> **해설**
> 규정 용량을 초과해서 운반하지 않는다.

31 천장크레인으로 부품을 들어 올릴 때 주로 사용하는 볼트는?

① 기초 볼트 ✓ ② 아이 볼트
③ T 볼트   ④ 스테이 볼트

> **해설**
> 아이 볼트는 무거운 기계와 전동기 등을 들어 올릴 때 체인 또는 훅 등을 거는 데 사용하는 볼트이다.

32 천장크레인 관련 설명 중 틀린 것은?

① 저항기는 사용 중 온도가 높아져서 약 350℃가 될 때가 있으므로 통풍을 잘 시켜야 한다.
② 리밋 스위치를 구조별로 구분하면 나사형, 레버형, 캠형으로 나눌 수 있다.
③ 리밋 스위치의 작용점이 최대부하 때와 무부하 때에는 약간씩 차이가 난다.
✓ ④ 천장크레인용 저항기는 용량이 크고 진동에 강한 리본형이 적합하다.

> **해설**
> 천장크레인용 저항기는 용량이 크고 진동에 강한 그리드형이 적합하다.

33 전기설비의 감전 대책이 아닌 것은?

① 정전 또는 점검 수리 시에는 반드시 전원스위치를 내리고 다른 사람이 스위치를 넣지 않게 수리 중 표시를 한다.
② 감전사고 방지를 위한 장치에는 접지, 누전차단기 등이 있다.
✓ ③ 작업장에서 직류와 교류 각각 24V 이상인 전기설비에는 접근제한 및 위험 표지를 붙여야 한다.
④ 복장은 피부가 노출되지 않게 하고 건조한 옷을 착용하며 절연이 양호한 신발을 신는다.

> **해설**
> 수전설비, 전기기기 등 감전의 염려가 있는 장소는 위험 표시판 및 안전커버 등 조명을 충분히 밝게 한다.

34 크레인의 리모트 컨트롤러에는 주파수방식과 적외선방식이 있다. 이 두 가지 방식의 특성 중 틀린 것은?

① **주파수방식은 운전자의 가시거리 내에 있어야 작동이 가능하다.** ✓
② 적외선방식은 주변의 정밀기기에 영향을 주지 않는다.
③ 주파수방식은 안테나를 사용하므로 센서가 필요하지 않다.
④ 적외선방식은 불필요한 신호에 의한 사고위험이 주파수방식보다 낮다.

해설
적외선방식은 운전자의 가시거리 내에 있어야 작동이 가능하다.

36 플레밍의 오른손법칙에서 가운데손가락(중지) 방향은?

① 자력선 방향
② 자밀도 방향
③ **유도 기전력 방향** ✓
④ 운동 방향

해설
플레밍의 법칙

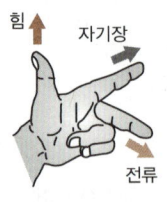
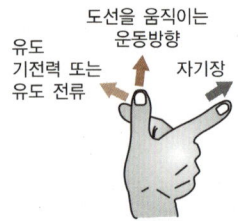

플레밍의 왼손법칙   플레밍의 오른손법칙

35 하역 작업을 시작하기 전에 점검해야 할 사항 중 가장 거리가 먼 것은?

① 주행로상 및 크레인 주위에 장애물 유무 여부
② 급유 상태
③ 볼트, 너트 및 엔드 플레이트의 이완 여부
④ **진동 및 소음 상태** ✓

해설
하역 작업 시작 전 점검 사항
• 주행로 및 크레인에 접촉할 만한 장애물이 있는가(이 경우 인접 크레인의 상황을 확인할 것)
• 급유는 적절히 채워져 있는가
• 볼트, 너트, 엔드 플레이트 등이 풀려 있지 않은가
• 기계실, 운전실 등의 레버, 스위치류는 정지 상태에 있는가
• 전압계는 규정전압을 가리키고 있는가

37 2개의 축이 일직선상에 있지 않고 어떤 각도를 가진 두 축 사이에 동력을 전달할 때 사용하는 축 이음으로서 경사각이 커지면 전달효율이 저하되므로 보통 30° 이내로 사용하는 축 이음은?

① 분할형 축 이음
② 플렉시블 축 이음
③ 플랜지 축 이음
④ **유니버설 조인트** ✓

해설
유니버설 조인트(십자형 자재이음)
양축이 동일평면 내에 있고, 그 축선이 30° 이하의 각도로 교차하는 경우에 사용하는 축 이음으로 훅 조인트라고도 하며, 양축 끝에 각각 요크(yoke)를 부착하고, 이것을 십자형의 핀으로 자유로이 회전할 수 있도록 연결한 축 이음이다.

38 옥외크레인을 사용 시 순간풍속이 초당 ( )m를 초과하는 바람이 불어올 우려가 있을 때에는 옥외에 설치되어 있는 주행 크레인에 대해 이탈 방지장치를 작동시키는 등 그 이탈을 방지하기 위한 조치를 하여야 한다. ( )에 적합한 풍속은?

① 20 　　　　② 30 ✓
③ 45 　　　　④ 60

해설
사업주는 순간풍속이 초당 30m를 초과하는 바람이 불어올 우려가 있는 경우 옥외에 설치되어 있는 주행 크레인에 대해 이탈 방지장치를 작동시키는 등 이탈 방지를 위한 조치를 하여야 한다(산업안전보건기준에 관한 규칙 제140조).

40 급유 방법에 대한 설명 중 가장 거리가 먼 것은?

① 와이어로프용 윤활유는 산이나 알칼리성을 띠지 않고, 내산화성이 커야 한다.
② 진동이 심하고 먼지가 많은 개방된 곳의 기어에는 그리스를 발라주는 것이 좋다.
③ 감속기어 오일은 여름철에는 점도가 높은 것을 겨울철에는 점도가 낮은 것을 사용한다.
④ 스팬이 긴 경우 사행으로 인한 마모가 크므로 레일 측면에 기름이 부착되어서는 안 된다. ✓

해설
레일 측면에도 도유기를 사용할 수 있다.
차륜 도유기
차륜 플렌지 또는 레일 측면에 소량의 오일을 자동으로 도유하는 기기이다.

39 집중 급유장치로 급유가 불가능한 부분은?

① 주행 장축 베어링
② 주행차륜 베어링
③ 훅 시브 베어링 ✓
④ 와이어 드럼 축수 베어링

해설
훅 베어링에는 그리스 펌프나 주유기를 이용하여 수동으로 급유한다.
집중 급유장치
수동 또는 전동으로 급유관 및 분배 변을 통하여 각각의 축 베어링에 일정량을 급유하는 방식이다.

41 와이어로프의 안전율 계산 시 사용하는 절단하중은 우리나라에서는 어떤 규정을 적용하는가?

① KS A 3514 　　② KS B 3514
③ KS C 3514 　　④ KS D 3514 ✓

해설
KS D 3514 표준은 기계, 건설, 선박, 어업, 임업, 광업, 공중 케이블, 엘리베이터 등에 사용하는 일반용 와이어로프에 대해 규정한다.
KS 분류기호

분류기호	A	B	C	D	E	F
부문	기본	기계	전기	금속	광산	토건

42 와이어로프의 지름 감소가 공칭지름의 ( ) 할 경우 사용해서는 아니 된다. 괄호 안에 알맞은 것은?

① 7%를 초과 ② 9%를 초과
③ 10%를 초과 ④ 12%를 초과

해설
줄걸이용 와이어로프의 사용제한 기준
- 이음매가 있는 것
- 와이어로프 한 가닥에서 소선(필러선을 제외)의 수가 10% 이상 절단된 것
- 지름의 감소가 공칭지름의 7%를 초과하는 것
- 꼬인 것
- 심하게 변형 또는 부식된 것

44 와이어로프의 구부림과 관련된 사항 중 시브(sheave) 지름 D와 와이어 소선 지름 d의 관계가 다음과 같을 때 의미하는 것은?

$$D/d < 200$$

① 영구 늘어남이 생겨 빨리 피로해진다.
② 최적치이다.
③ 필요한 최소한도를 만족한다.
④ 탄성변형 내에 존재한다.

해설
보통 D/d는 500~600 정도를 사용한다.
- $D/d < 200$: 영구적으로 늘어나 빨리 손상된다.
- $D/d = 300$: 필요한 최소한도
- $D/d = 600$: 최적치

43 천장크레인의 주행차륜의 마모 한계에 대한 설명 중 틀린 것은?

① 좌우차륜의 지름 차 : 구동륜은 원 치수의 0.2%, 종동륜은 원 치수의 0.5%
② 플랜지의 두께 : 원 치수의 50%
③ 플랜지의 변형도 : 수선에서 20°
④ 차륜지름의 마모 : 원 치수의 3%

해설
플랜지의 경사 : 수직위치에서 20°까지

45 부피가 같을 때 무거운 것부터 차례로 나열한 것은?

① 구리 → 납 → 점토 → 철
② 점토 → 구리 → 동 → 철
③ 철 → 구리 → 납 → 점토
④ 납 → 구리 → 철 → 점토

해설
비중
납(11.34) → 구리(8.93) → 철(7.876) → 점토(2.73)

46 크레인에서 일반적인 작업사항으로 틀린 것은?

① 작업이 종료된 후 훅(hook)은 크레인 메인지브의 하단부 정도까지 올려놓는다.
② 물건을 운반하지 않을 때는 훅에 와이어를 건 채로 이동해서는 안 된다.
③ **모가 난 짐을 운반 시는 규정보다 약한 와이어를 사용한다.**
④ 화물의 중량 및 중심의 목측(目測)은 가능한 정확히 해야 한다.

> **해설**
> 모가 난 짐을 운반 시에는 모서리 부분에 고무나 가죽 등으로 된 보조구를 사용한다.

47 와이어로프의 보관 방법 중 틀린 것은?

① 건조하고 지붕이 있는 곳에 보관해야 한다.
② 한 번 사용한 로프를 보관할 때는 오물 등을 제거하고 그리스를 바르고 잘 감아서 보관해야 한다.
③ **로프는 적당한 습기가 필요하므로 충분한 습기가 올라오는 장소에 놓는다.**
④ 직사광선이나 열기 등에 의한 그리스의 변질이 없도록 보관해야 한다.

> **해설**
> 와이어로프의 보관상 주의사항
> • 습기가 없고 지붕이 있는 곳을 택할 것
> • 한 번 사용한 로프를 보관할 때는 표면에 묻은 모래, 먼지 및 오물 등을 제거 후 로프에 그리스를 바른 후 보관할 것
> • 로프가 직접 지면에 닿지 않도록 침목 등으로 받쳐 30cm 이상의 틈을 유지할 것
> • 직사광선이나 열, 해풍 등을 피할 것
> • 산이나 황산가스에 주의해 부식 또는 그리스의 변질을 막을 것
> • 눈에 잘 띄고 사용이 빈번한 장소에 보관할 것

48 줄걸이 로프에 걸리는 하중에 관한 공식 중 옳은 것은?

① 부하물의 하중 ÷ (줄걸이 수 ÷ 조각도)
② **부하물의 하중 ÷ (줄걸이 수 × 조각도)**
③ 부하물의 하중 × (줄걸이 수 ÷ 조각도)
④ 부하물의 하중 × (줄걸이 수 × 조각도)

> **해설**
> 크레인에서 줄걸이 와이어로프를 이용해 화물을 양중할 때 줄걸이 각도에 따라 와이어로프에 걸리는 하중이 다르다.

49 100V로 150A의 전류를 흐르게 하였을 경우 마력은 약 얼마인가?

① 10.11　　② **20.11**
③ 30.11　　④ 40.11

> **해설**
> 전력(W) = 전압(V) × 전류(A)
> 　　　　 = 100 × 150 = 15,000(W)
> 15,000 ÷ 746 ≒ 20.11(HP)
> ※ 1HP = 746W

50 줄걸이로 짐을 달아 올릴 때의 주의사항 중 틀린 것은?

① 매다는 각도는 60° 이내로 한다.
❷ 큰 짐 위에 작은 짐을 얹어서 짐이 떨어지지 않도록 한다.
③ 짐을 전도시킬 때는 가급적 주위를 넓게 하여 실시한다.
④ 전도 작업 도중 중심이 달라질 때는 와이어로프 등이 미끄러지지 않도록 주의한다.

해설
큰 짐 위에 작은 짐을 얹어서 매달면 작은 짐은 떨어지기 쉬우므로 떨어지지 않도록 매어두는 것이 좋다.

51 안전작업 사항으로 잘못된 것은?

① 전기장치는 접지를 하고 이동식 전기기구는 방호장치를 설치한다.
② 엔진에서 배출하는 일산화탄소에 대비한 통풍장치를 설치한다.
❸ 담뱃불은 발화력이 약하므로 제한 장소 없이 흡연해도 무방하다.
④ 주요장비 등은 조작자를 지정하여 아무나 조작하지 않도록 한다.

해설
담뱃불은 발화력이 강하므로 지정된 장소에서 흡연해야 한다.

52 전장품을 안전하게 보호하는 퓨즈의 사용법으로 틀린 것은?

❶ 퓨즈가 없으며 임시로 철사를 감아서 사용한다.
② 회로에 맞는 전류 용량의 퓨즈를 사용한다.
③ 오래되어 산화된 퓨즈는 미리 교환한다.
④ 과열되어 끊어진 퓨즈는 과열된 원인을 먼저 수리한다.

해설
퓨즈로 구리선, 철사 등을 사용하면 전선의 과열이나 소손을 일으키는 등 매우 위험하므로 반드시 정격용량의 규격품을 사용해야 한다.

53 다음 중 현장에서 작업자가 작업 안전상 꼭 알아두어야 할 사항은?

① 장비의 가격
② 종업원의 작업환경
③ 종업원의 기술 정도
❹ 안전 규칙 및 수칙

해설
근로자는 산업안전보건법과 이 법에 따른 명령으로 정하는 기준 등 산업재해 예방에 필요한 사항을 지켜야 하며, 사업주 또는 근로감독관, 공단 등 관계자가 실시하는 산업재해 방지에 관한 조치에 따라야 한다(산업안전보건법 제6조).

54 망치(hammer) 작업 시 옳은 것은?

① 망치자루의 가운데 부분을 잡아 놓치지 않도록 할 것
② 손은 다치지 않게 장갑을 착용할 것
❸ 타격할 때 처음과 마지막에 힘을 많이 가하지 말 것
④ 열처리된 재료는 반드시 해머작업을 할 것

해설
① 해머작업 중에는 수시로 해머상태(자루의 헐거움)를 점검할 것
② 장갑을 끼고 해머작업을 하지 말 것
④ 열처리된 재료는 해머작업을 하지 말 것

55 아크용접에서 눈을 보호하기 위한 보안경 선택으로 맞는 것은?

① 도수 안경   ② 방진 안경
❸ 차광용 안경   ④ 실험실용 안경

해설
차광보안경은 눈에 해로운 자외선, 적외선 또는 강렬한 가시광선으로부터 근로자의 눈을 보호하기 위해 사용된다.

56 먼지가 많은 장소에서 착용해야 하는 마스크는?

① 방독 마스크   ② 산소 마스크
❸ 방진 마스크   ④ 일반 마스크

해설
방진 마스크는 공기 중에 부유하고 있는 물질, 즉 고체인 분진이나 퓸, 또는 안개와 같은 액체입자의 흡입을 방지하기 위해 사용하는 것이다.

57 유류 화재 시 소화용으로 가장 거리가 먼 것은?

❶ 물   ② 소화기
③ 모래   ④ 흙

해설
전기나 유류 화재에는 물을 사용하면 감전위험과 오히려 불을 키우는 경우가 있다.

58 작업장에서 공동 작업으로 물건을 들어 이동할 때 잘못된 것은?

① 힘의 균형을 유지하여 이동할 것
② 불안전한 물건을 드는 방법에 주의할 것
③ 보조를 맞추어 들도록 할 것
❹ 운반 도중 상대방에게 무리하게 힘을 가할 것

해설
중량물 취급 시는 상호 신호나 연락을 정확히 하고 호흡을 맞춘다.

59 산업체에서 안전을 지킴으로써 얻을 수 있는 이점과 가장 거리가 먼 것은?

① 직장의 신뢰도를 높여준다.
② 직장 상·하 동료 간 인간관계 개선 효과도 기대된다.
③ 기업의 투자경비가 늘어난다.
④ 사내 안전수칙이 준수되어 질서유지가 실현된다.

해설
안전을 잘 지키면 기업의 투자경비가 줄어든다.

60 정비작업 시 안전에 위배되는 것은?

① 깨끗하고 먼지가 없는 작업환경을 조성한다.
② 회전 부분에 옷이나 손이 닿지 않도록 한다.
③ 연료를 채운 상태에서 연료통을 용접한다.
④ 가연성 물질을 취급 시 소화기를 준비한다.

해설
연료를 비운 상태에서 연료통을 용접한다.

제6회 기출복원문제

01 훅이 지상에 도달했을 경우 드럼에는 와이어로프가 최소 몇 회의 감김 여유가 있어야 하는가?

① 감겨있지 않아도 된다.
② 최소 1회 이상
❸ 최소 2회 이상
④ 최소 4회 이상

02 감속기에 대한 설명으로 옳지 않은 것은?

① 횡행 장치에서는 라인 샤프트에 위치한다.
② 주행 장치의 감속장치는 기어 박스에 넣어 오일로 채운다.
③ 기어 감속기란 기어를 이용한 속도변환기를 말한다.
❹ 감속기에 사용하는 스퍼 기어는 회전운동을 직선운동으로 전달한다.

[해설]
두 축이 평행할 때 스퍼 기어, 헬리컬 기어, 인터널 기어를 연결한다.
※ 회전운동을 직선운동으로 바꿀 때 쓰이는 기어는 랙과 피니언이다.

03 펜던트 또는 무선원격제어기를 사용하여 작업 바닥면에서 조작 시 화물과 운전자가 함께 이동하는 크레인의 주행속도는?

❶ 분당 45m 이하   ② 분당 65m 이하
③ 분당 85m 이하   ④ 분당 100m 이하

[해설]
천장크레인의 주행속도는 분당 45m 이하여야 한다.

04 주행레일의 높이편차에 대한 설명으로 알맞은 것은?

❶ 기준면으로부터 최대 ±10mm 이내
② 기준면으로부터 최대 ±15mm 이내
③ 기준면으로부터 최대 ±20mm 이내
④ 기준면으로부터 최대 ±25mm 이내

[해설]
주행레일의 높이편차는 기준면으로부터 최대 ±10mm 이내이고, 좌우레일의 수평 차는 10mm 이내, 레일의 구배량은 주행길이 2m당 2mm를 초과하지 않을 것

05 주행, 횡행, 권상 등에서 과행(안전상 고려한 운전한계선을 초과)을 방지하는 장치는?

① 타임 릴레이   ② 컨트롤러
❸ 리밋 스위치   ④ 브레이크

06 전기기계·기구의 충전전로에 접근하는 장소에서 크레인의 안전 사항이 아닌 것은?

① 해당 충전전로를 이설할 것
② 해당 충전전로에 방호구를 설치할 것
③ 감전의 위험을 방지하기 위한 방책을 설치할 것
✓ ④ 현저히 곤란한 경우라도 작업감시인은 두지 말고 운전자에게 절연용 장갑 및 보호구를 착용시킬 것

해설
작업이 곤란할 때에는 감시인을 두고 작업을 하도록 할 것

07 크래브(crab)의 급정지 시 영향을 주지 않는 요소는?

① 와이어로프 　② 크래브 자체
③ 횡행차륜 　　✓ ④ 주행차륜

해설
크래브(crab) 또는 트롤리(trolley)는 크레인 거더 위에 위치하고 있으며 하물을 들어 올리는 권상장치와 이동할 수 있는 횡행장치 등의 설비를 적절하게 배치한 것으로 주행차륜과는 무관하다.

08 직류전동기에 이용하는 속도 제어용 브레이크는?

✓ ① 다이내믹 브레이크
② 메커니컬 브레이크
③ 마그네틱 브레이크
④ 유압압상 브레이크

해설
다이내믹 브레이크
천장크레인이 권하 동작을 하는 동안 운동에너지를 전기에너지로 변환시켜 이 전기에너지를 소모시켜 제어하므로 안정된 저속도를 얻는 브레이크이다.

09 크레인 구조부분의 지진하중은 옥외에 단독으로 설치하는 것에 대해 크레인 자중(권상하물 제외)의 몇 %에 상당하는 수평하중을 지진하중으로 고려해야 하나?

① 50 　　　　② 25
✓ ③ 15 　　　　④ 5

해설
지진하중
옥외에 단독으로 설치된 크레인에 한하여 크레인 자중(권상하물 제외)의 15%에 상당하는 수평하중을 지진하중으로 고려한다.

10 천장크레인에서 완충장치의 종류가 아닌 것은?

① 유압 버퍼 스토퍼
② 고무 버퍼 스토퍼
✓ ③ 강철 버퍼 스토퍼
④ 스프링 버퍼 스토퍼

해설
버퍼 스토퍼는 유압, 고무, 스프링 등을 이용하여 충돌 시 충격을 완화하는 장치이다.

11 전자 브레이크에서 전자석 부분의 과열 원인이 아닌 것은?

① 가동 철심이 완전히 부착되지 않을 때
② 전원의 규정 전압 초과 시
③ 전선의 부분 단락 시
❹ 드럼(풀리)과 브레이크슈의 틈새 과다

12 크레인에 사용하는 과부하 방지장치의 안전점검 사항 중 틀린 것은?

① 과부하 방지장치가 동작할 때는 경보음이 작동되어야 한다.
② 임의로 조정할 수 없도록 봉인되어 있어야 한다.
③ 시험 시 풍속은 8.3m/s를 초과하지 않아야 한다.
❹ 과부하 방지장치의 동작 시 일정한 시간이 지나면 자동 복귀되어야 한다.

> [해설]
> 과부하 방지장치의 동작 시 그 원인 해소되지 않은 상태에서 단순히 시간이 지남에 따라 자동 복귀하는 일이 없어야 한다.

13 거더의 중앙부에 정격하중을 매달았을 경우의 허용 굽힘량은?

① 스팬의 1/500을 초과하지 않을 것
② 스팬의 1/600을 초과하지 않을 것
③ 스팬의 1/700을 초과하지 않을 것
❹ 스팬의 1/800을 초과하지 않을 것

> [해설]
> 크레인 거더의 처짐은 정격하중 및 달기기구 자중을 합한 하중에 상당하는 하중을 가장 불리한 조건으로 권상하였을 때, 해당 스팬의 800분의 1 이하가 되어야 한다.

14 하나의 제어기로 주행과 횡행 또는 주권과 보권을 같이 사용할 수 있는 것은?

① 수동 드럼형 제어기
② 캠 작동식 제어기
③ 푸시 버튼 제어기
❹ 유니버설 제어기

> [해설]
> 유니버설식 제어기는 2개의 제어기를 1개의 레버로 사용해서 동시 또는 단독으로 조작할 수 있게 한 것으로 설치면적이 절감되고, 조작이 편리하다.

15 권상장치의 속도 제어용 브레이크로 가장 많이 사용하는 것은?

① **와류 브레이크** ✓
② 직류 전자 브레이크
③ 교류 전자 브레이크
④ 디스크 타입 전자 브레이크

해설
와류 브레이크(EC 브레이크)
속도 제어를 위해 사용하는 브레이크 중 구조가 간단하고 마모 부분이 없으며 저속도를 쉽게 얻을 수 있는 브레이크

16 천장크레인에서 사용하는 권과 방지장치의 형식이 아닌 것은?

① **콤비네이션식** ✓
② 중추식
③ 나사식
④ 캠식

해설
권과 방지장치인 리밋 스위치(제한 개폐기)는 스크루형(나사형), 캠형, 중추형(레버식)이 있고 상용(1차 안전장치)과 비상용(2차 안전장치)으로도 구분한다.

17 천장크레인과 관련된 설명 중 틀린 것은?

① **휠베이스는 스팬 길이의 1/8 이상이 되어야 좋다.** ✓
② 크래브란 횡행장치를 설치하여 양 거더 위에 설치된 레일 위를 왕복 운동하는 대차이다.
③ 와이어 끝단 시징은 와이어 지름의 3배 정도를 해야 한다.
④ 와이어 드럼의 와이어 고정 방법은 클램프를 사용하는 것이 좋다.

해설
주행 휠베이스(wheel base)는 스팬의 1/7 이상이어야 한다.

18 크레인 훅의 개구부 벌어짐의 사용 한도는 원래 치수의 몇 %까지인가?

① **5** ✓　② 10
③ 15　　④ 50

해설
크레인 훅의 개구부 벌어짐의 사용한도는 원래 치수의 5%까지이다.

19 차륜 플랜지의 한쪽만 레일과 접촉 및 마모되는 원인으로 틀린 것은?

① 레일과 차륜의 직각도 불량
② **구동차륜과 종동차륜의 지름이 다름** ✓
③ 좌우 주행레일의 높이가 다름
④ 좌우 구동차륜의 지름차가 큼

해설
구동차륜과 종동차륜의 지름이 다르면 회전수의 차이가 생긴다.

20 횡행차륜 정지용 스토퍼(stopper)의 적당한 높이는 차륜 지름의 얼마인가?

① 1/2 이상　　② 1배 이상
③ 1/3 이하　　❹ 1/4 이상

해설
횡행차륜의 스토퍼는 차륜 지름의 1/4 이상의 높이로 레일에 용접하여 설치하고 주행레일의 스토퍼는 차륜 지름의 1/2 이상 높이로 볼트로 고정하여 설치한다.

21 트롤리선에서 전원을 천장크레인으로 도입하는 부분을 집전장치라 한다. 집전장치의 종류가 아닌 것은?

❶ 캠형　　② 팬터그래프형
③ 폴형　　④ 슈형

해설
집전장치의 종류
- 고정형 : 트롤리선의 자체중량을 접촉압력으로 사용하는 것이다.
- 팬터그래프형 : 고속형 천장크레인의 집전장치로 중간지지를 갖는 수평배열이며 휠이나 슈를 사용하는 것
- 폴형 : 폴(pole)이 휠의 선단을 떠받쳐 하부에 설치한 스프링의 힘으로 트롤리선과 적당한 압력으로 접촉되게 한 방식이다. 주로 저속형에서 사용한다.
- 슈형 : 대전류용 또는 고압용이며 레일과 접촉하는 위쪽 접촉편은 마모를 경감하도록 되어 있다.

22 천장크레인 운전자가 작업 시작 전 점검해야 할 사항으로 적합하지 않은 것은?

❶ 건물과 건물 사이의 거리 상태
② 주행로의 상측 및 트롤리가 횡행하는 레일의 상태
③ 와이어로프의 상태
④ 브레이크 장치의 상태

해설
운전 시작 전 점검사항
- 작업시작 전 운전자는 작업내용과 작업순서에 대해 관계자와 충분히 협의
- 크레인 주행 중에 또는 크레인이 이동하는 영역 안에 장애물은 없는가 확인
- 크레인 정지기구 및 레일 클램프와 같은 고정장치의 해제 유무
- 기계실 또는 운전실 내의 각종 레버와 스위치의 이상 유무
- 방호장치의 이상 유무
- 하물을 매달지 않은 무부하 상태에서 시운전을 3회 이상 실시

23 권하 작업의 속도에 대한 설명 중 가장 옳은 것은?

① 올릴 때의 속도와 같이 한다.
② 가능한 최대 속도로 한다.
③ 혹의 진동이 없으면 빨리 내려도 된다.
❹ 적당한 높이까지 내린 후 천천히 내린다.

해설
적당한 높이까지 내린 다음 일단 정지 후 서서히 내린다.

24 크레인 운전조작에 관한 주의사항으로 틀린 것은?

① 일상점검 및 운전 전 점검이 완료되어 이상 없음이 판명되었을 때 운전에 필요한 조작을 한다.
② 훅이 크게 흔들릴 경우는 권상 작업을 해서는 안 된다.
❸ 권상화물을 다른 작업자의 머리 위로 통과시키기 위해서 경보를 울린다.
④ 화물을 권상하는 경우 권상하물이 지면에서 약 20cm 떨어진 후에 일단 정지시켜 권상 화물의 중심 및 밸런스를 확인한다.

[해설] 운반물을 작업자 머리 위로 운반해서는 안 된다.

25 주파수 60Hz, 출력이 30kW인 전동기 동기속도가 900rpm일 때 이 전동기의 극수는?

① 4극 ② 6극
❸ 8극 ④ 10극

[해설] $N_s = \dfrac{120f}{P}$ (여기서, N_s : 동기회전수(rpm), f : 전원주파수, P : 극수)

$900 = \dfrac{120 \times 60}{x}$

$x = 8$극

26 천장크레인에서 예비부품을 두어야 하는 목적으로 가장 합당한 것은?

❶ 운전 중 고장이 쉽게 발생하는 부품에 대해 정비시간을 단축하기 위해
② 부품 값이 비싸면 운반할 때 불편하므로
③ 형식을 갖추어 둘 필요가 있으므로
④ 쉽게 구할 수 있는 부품이며 값이 싸므로

[해설] 예비부품은 사용상 고장 발생률이 많고 마모가 잘 되는 부품의 정비 시간을 효과적으로 단축하기 위해서 필요한 물건을 필요한 시기에 언제든지 사용가능한 상태로 준비해 두는 것이다.

27 윤활유 유막보다 더 큰 이물질 입자에 의해 기어의 접촉면에 긁힌 자국을 무엇이라 하는가?

❶ 어브레이션 ② 피칭
③ 스크래칭 ④ 스폴링

[해설]
② 피칭(pitching) : 치면의 피치 서클 근처에 치폭방향으로 생기는 작은 거품 모양의 구멍 군(집단)을 말한다.
③ 스크래칭(scratching) : 상대편 기어 치면에 비정상적으로 돌출한 혹과 같은 것에 의해 생긴 홈과 같이 생긴 자국이다.
④ 스폴링(spalling) : 표면 균열이나 개재물 등이 있는 곳에 하중이 가해져 표면이 서서히 박리하는 현상으로 표면은 요철이 많은 거친 면이 되는 것이 특징이다.

28 스프링 재료의 구비조건이 아닌 것은?

① 내식성이 클 것
② 크리프 한도가 높을 것
③ 탄성한계가 높을 것
❹ 전연성이 풍부할 것

해설
스프링용 재료의 구비조건
• 탄성한도와 내력이 클 것
• 사용 중 영구변형을 일으키지 않을 것
• 하중과 변형의 관계 특성이 양호할 것
• 충격 및 피로에 대한 저항이 클 것

29 전동기의 토크(torque)란?

❶ 전동기의 회전력
② 전동기의 열
③ 전동기의 속도
④ 전동기 무게

해설
토크(회전력)
전동기의 회전력은 회전자(rotor) 성능을 나타내며, 각 모터는 최대 회전력을 갖고 있다.

30 두 축을 30° 이내의 교각으로 연결할 때 사용하는 축 이음으로 적합한 것은?

① 머프 커플링
② 플랜지 커플링
③ 스플라인 이음
❹ 유니버설 조인트

해설
① 머프 커플링 : 축의 지름이 매우 적을 때 사용된다.
② 플랜지 커플링 : 플랜지 사이를 볼트로 조인 것이며 축의 지름이 75mm 이상의 것에 편리하다.
③ 스플라인 이음 : 축과 보스의 원 둘레에 4~20개의 요철을 두고 토크를 전달함과 동시에 보스를 축방향으로 이동하고자 할 때 사용한다.

31 너트의 풀림 방지법에 대한 설명으로 틀린 것은?

① 와셔에 의한 방법은 주로 스프링 와셔를 사용한다.
② 핀, 작은 나사를 쓰는 방법은 볼트 홈 붙이 너트에 핀이나 작은 나사를 이용한 고정 방법이다.
③ 이중 너트를 사용한다.
❹ 너트의 회전방향에 의한 법은 축의 회전방향과 같은 방향으로 돌릴 때 잠기는 너트를 이용하는 것이다.

해설
너트의 회전방향에 의한 법은 자동차 바퀴의 고정나사처럼 반대 방향으로 너트를 조이면 풀림 방지가 된다.

32 천장크레인의 3상 유도전동기에서 2차 저항기의 역할로 가장 알맞은 것은?

① 전동기에 과전류가 흐르는 것을 막아 전동기를 보호하는 역할을 한다.
② 전동기의 저항을 줄임으로써 전동기의 회전수를 일정하게 하는 역할을 한다.
❸ 권선형 유도전동기의 2차 회로에 부착되어 저항량을 조정함으로써 속도를 변속하는 역할을 한다.
④ 농형 전동기에 저항이 너무 크므로 2차 저항기를 부착하여 저항량을 줄임으로써 안전하게 작동할 수 있는 역할을 한다.

해설
2차 저항기는 권선형 유도전동기의 속도를 조정하는 목적으로 사용된다.

33 다음 중 직류 직권전동기의 용도로 가장 적합한 것은?

① 엘리베이터
② 컨베이어
❸ 크레인
④ 에스컬레이터

해설
직류 직권전동기는 큰 기동토크와 부하의 변동에 적응하여 토크를 내는 변속도전동기로 전동기, 기중기(크레인), 권상기 등에 이용되고 있다.

34 천장크레인에서 arc(아크)가 발생하는 위치 중 거리가 가장 먼 것은?

① 집전장치의 접촉면
② 전동기 정류자
③ 전자 접촉기
❹ 저항기

해설
저항기(resistor)는 권선형 전동기 2차 측에서 접속되어 저항값 크기로 전동기 속도를 제어하는 기기이다.

35 전동기의 발열 원인으로 옳지 않은 것은?

① 부하가 클 때
❷ 전압강하가 없을 때
③ 사용빈도가 높을 때
④ 저항기가 부적당할 때

해설
전압강하가 심할 경우

36 퓨즈의 설명 중 틀린 것은?

❶ 회로에 병렬로 연결한다.
② 퓨즈의 접촉이 불량하면 전류의 흐름이 원활하지 못하다.
③ 전선의 온도가 올라가면 녹아 끊어져 회로를 차단한다.
④ 단락 때문에 전선이 타거나 과대 전류가 부하에 흐르지 않도록 한다.

해설
퓨즈는 회로에 직렬로 연결한다.

37 구름 베어링의 단점은?

① 과열의 위험이 적다.
② 마멸이 적으므로 빗나감도 적다.
③ 길이가 작아도 좋으므로 기계의 소형화가 가능하다.
❹ 소음 및 진동이 생기기 쉽다.

해설
구름 베어링(rolling bearing)의 단점
• 값이 비싸다.
• 충격하중에 약하다.
• 하우징이 크게 되고 설치와 조립이 어렵다.
• 소음 및 진동이 생기기 쉽다.
• 전문적인 제작 공정이 필요하다.
• 부분 수리가 불가능하므로 베어링 전체를 바꿔야 한다.

38 교류에 있어서 저압은 몇 kV 이하를 의미하는가?

① 0.6   ② 0.75
❸ 1   ④ 1.5

해설
전압의 구분

구분	직류	교류
저압	1.5kV 이하	1kV 이하
고압	1.5kV 초과 7kV 이하	1kV 초과 7kV 이하
특고압	7kV 초과	

39 베어링 메탈의 구비조건으로 틀린 것은?

① 마찰이나 마멸이 적어야 한다.
② 면압강도가 커야 한다.
❸ 피로강도가 작아야 한다.
④ 일정 강도를 가져야 한다.

해설
베어링 메탈의 구비조건
• 마찰이나 마멸이 적어야 한다.
• 면압강도, 강성, 피로강도가 커야 한다.
• 내식성이 커야 한다.
• 저널과의 접촉성이 좋아야 한다.
• 마찰열을 발산이 잘 되도록 열전도율이 좋아야 한다.

40 천장크레인의 작업에 대한 설명 중 틀린 것은?

① 작업 종료 후 천장크레인을 소정위치에 정지시킨다.
② 작업 종료 후 브레이크 와이어 등의 점검을 한다.
③ 전기활선작업을 금하며 안전커버를 벗긴 채로 운전을 금한다.
❹ 작업 종료 후 각 제어기를 off로 하고 보호판의 스위치는 on으로 해야 한다.

해설
각 제어기를 off로 하고 보호판의 각 스위치를 연다.

41 신호법 중에서 팔을 아래로 뻗고 집게손가락을 아래로 향해서 수평 원을 그리는 신호는 무슨 신호인가?

① 천천히 조금씩 올리기
☑ **아래로 내리기**
③ 천천히 이동
④ 운전 방향 지시

> **해설**
> ① 천천히 조금씩 올리기 : 한 손을 지면과 수평하게 들고 손바닥을 위쪽으로 하여 2, 3회 적게 흔든다.
> ③ 천천히 이동 : 방향을 가리키는 손바닥 밑에 집게손가락을 위로 해서 원을 그린다.
> ④ 운전 방향 지시 : 집게손가락으로 운전 방향을 가리킨다.

42 같은 굵기의 와이어로프일지라도 소선이 가늘고 수가 많은 것에 대한 설명 중 맞는 것은?

① 유연성이 좋으나 더 약하다.
☑ **유연성이 좋고 더 강하다.**
③ 유연성이 나쁘고 더 약하다.
④ 유연성은 나빠도 더 강하다.

43 크레인용 와이어로프에 심강을 사용하는 목적을 설명한 것 중 거리가 먼 것은?

① 충격하중을 흡수한다.
② 소선끼리의 마찰에 의한 마모를 방지한다.
☑ **충격하중을 분산시킨다.**
④ 부식을 방지한다.

> **해설**
> **심강의 사용 목적**
> 충격하중의 흡수, 부식 방지, 소선 사이의 마찰에 의한 마멸 방지, 스트랜드의 위치를 올바르게 유지하는 데 있다.

44 연결된 5개의 링크의 길이가 20cm인 표준 체인은 이 연결된 5개의 링크의 길이가 최대 몇 cm가 될 때까지 사용이 가능한가?

☑ **21**　　② 22
③ 23　　④ 24

> **해설**
> 오래 사용한 후 5개의 링크 길이가 처음보다 5% 이상 늘어났으면 사용을 못한다.
> $20 + (20 \times 5\%) = 21(cm)$

45 와이어로프를 드럼에 설치할 때, 와이어로프가 벗겨지지 않도록 볼트를 체결하는 데 사용하는 것은?

① 너트 ❷ 클램프(고정구)
③ 섀클 ④ 링크

[해설]
로프가 벗겨지지 않게 누르고 볼트로 조인 것이 로프 클램프(rope clamp)이다.

46 와이어로프의 소선에 대해 설명한 것으로 맞는 것은?

① 스트랜드를 구성하고 있는 소선의 결합에는 점, 선, 면, 정 접촉 구조의 4가지가 있다.
② 소선의 역할은 충격하중의 흡수, 부식 방지, 소선끼리의 마찰에 의한 마모 방지, 스트랜드의 위치를 올바르게 하는 데 있다.
❸ 와이어로프(wire rope)의 소선은 KS D 3514에 규정된 탄소강에 특수 열처리를 하여 사용한다.
④ 소선의 재질은 탄소강 단강품(KS D 3710)이나 기계구조용 탄소강(KS D 3517)이며 강도와 연성이 큰 것이 바람직하다.

[해설]
① 스트랜드를 구성하고 있는 소선의 결합에는 점(点), 선(線), 면(面) 접촉 구조의 3가지가 있다.
② 심강의 역할은 충격하중의 흡수, 부식 방지, 소선끼리의 마찰에 의한 마모 방지, 스트랜드의 위치를 올바르게 하는 데 있다.
④ 소선의 재질은 탄소강이며 소선의 강도는 135~180kg/mm² 정도이다.

47 화물을 권하한 후, 줄걸이 용구를 분리하는 방법으로 적절하지 않은 것은?

① 훅은 가능한 낮은 위치로 유도하여 분리한다.
② 지름이 큰 와이어로프는 비틀림이 작용하여 흔들림이 발생하므로 흔들리는 방향에 주의하면서 분리한다.
❸ 작업을 빨리 진행하기 위해 크레인으로 줄걸이용 와이어로프를 잡아당겨 분리한다.
④ 줄걸이용 와이어로프는 손으로 분리하는 것이 원칙이다.

48 와이어로프 구성의 표기 방법이 틀린 것은?

$$6 \times Fi(24) + IWRC\ B종\ 20mm$$

① 6 : 스트랜드 수
❷ 24 : 와이어로프 수
③ B종 : 소선의 인장강도
④ 20mm : 와이어로프의 지름

[해설]
24 : 강선의 수

49 로프 하나를 두 줄걸이로 하여 1,000kg의 짐을 90°로 걸어 올렸을 때 한 줄에 걸리는 무게(kg)는?

① 250
② 500
❸ 707
④ 6,930

해설
1,000 × cos45° = 707(kg)

50 운전자가 경보기를 울리거나 한쪽 손의 주먹을 다른 손의 손바닥으로 2~3회 두드릴 경우의 수신호 내용은?

① 신호 불명
❷ 이상 발생
③ 기다려라
④ 물건 걸기

해설
① 신호 불명 : 운전자는 손바닥을 안으로 하여 얼굴 앞에서 2, 3회 흔든다.
③ 기다려라 : 오른손으로 왼손을 감싸 2, 3회 적게 흔든다.
④ 물건 걸기 : 양쪽 손을 몸 앞에다 대고 두 손을 깍지 낀다.

51 금속 나트륨이나 금속 칼륨 화재의 소화재로서 가장 적합한 것은?

① 물
② 포 소화기
❸ 건조사
④ 이산화탄소 소화기

해설
소화기의 종류와 적용 화재

소화기의 종류	적용하는 화재				화재의 분류
	A급 (백색)	B급 (황색)	C급 (청색)	D급 (·)	
산·알칼리 소화기	○	○			A급 화재 : 일반 화재
포 소화기	○	○			B급 화재 : 유류 화재
이산화탄소 소화기		○	○		C급 화재 : 전기 화재
할로겐화합물 소화기		○	○		D급 화재 : 금속 화재
분말 소화기	○	○	○		
건조사				○	

52 작업복에 대한 설명으로 적합하지 않은 것은?

① 작업복은 몸에 알맞고 동작이 편해야 한다.
❷ 착용자의 연령, 성별 등에 관계없이 일률적인 스타일을 선정해야 한다.
③ 작업복은 항상 깨끗한 상태로 입어야 한다.
④ 주머니가 너무 많지 않고, 소매가 단정한 것이 좋다.

해설
착용자의 연령, 성별을 고려하여 적절한 스타일을 선정해야 한다.

53 원목처럼 길이가 긴 화물을 외줄 달기 슬링 용구를 사용하여 크레인으로 물건을 안전하게 달아 올리는 방법으로 가장 거리가 먼 것은?

① 화물의 중량이 많이 걸리는 방향을 아래쪽으로 향하게 들어 올린다.
② 제한용량 이상을 달지 않는다.
③ 수평으로 달아 올린다. ✓
④ 신호에 따라 움직인다.

54 산소 가스 용기의 도색으로 맞는 것은?

① 녹색 ✓   ② 노란색
③ 흰색   ④ 갈색

해설
각종 가스 용기의 도색 구분

가스	색상	가스	색상
산소	녹색	아세틸렌	노란색
수소	주황색	아르곤	회색
액화 탄산가스	파란색	액화 암모니아	흰색
LPG	회색	기타 가스	회색

55 크레인으로 물건을 운반할 때 주의사항으로 틀린 것은?

① 규정 무게보다 약간 초과할 수 있다. ✓
② 적재물이 떨어지지 않도록 한다.
③ 로프 등 안전 여부를 항상 점검한다.
④ 선회 작업 시 사람이 다치지 않도록 한다.

해설
규정 무게보다 초과하여 적재하지 않는다.

56 산업공장에서 재해의 발생을 줄이기 위한 방법으로 틀린 것은?

① 폐기물은 정해진 위치에 모아둔다.
② 공구는 소정의 장소에 보관한다.
③ 소화기 근처에 물건을 적재한다. ✓
④ 통로나 창문 등에 물건을 세워 놓아서는 안 된다.

해설
소화기 근처에는 어떠한 물건도 적재하면 안 된다. 소화기 근처에 물건을 적재하면 화재 발생 시 진화작업에 방해가 되므로 재해 발생의 원인이 된다.

57 사고 원인으로서 작업자의 불안전한 행위는?

✓ ① 안전 조치의 불이행
② 작업장 환경 불량
③ 물적 위험상태
④ 기계의 결함상태

> [해설]
> 재해발생 원인 - 직접 원인
> • 불안전한 상태 : 설비 자체의 결함, 방호 조치의 결함, 설비 배치 및 작업 장소 불량, 보호구의 결함, 작업 환경의 결함, 작업 방법의 결함
> • 불안전한 행동 : 안전장치의 무효화, 안전 조치의 불이행, 위험한 상태로 장치 동작, 기계, 공구 등의 목적 외 사용, 운전 중 주유 또는 점검 실시, 보호구의 선택 및 사용방법 불량, 위험 장소에의 접근

58 공기(air)기구 사용 작업에서 적당치 않은 것은?

✓ ① 공기기구의 섭동 부위에 윤활유를 주유하면 안 된다.
② 규정에 맞는 토크를 유지하며 작업한다.
③ 공기를 공급하는 고무호스가 꺾이지 않도록 한다.
④ 공기기구의 반동으로 생길 수 있는 사고를 미연에 방지한다.

> [해설]
> 공기기구의 섭동 부위도 윤활유는 주유해야 한다.

59 운전자가 작업 전에 장비 점검과 관련된 내용 중 거리가 먼 것은?

① 타이어 및 궤도 차륜 상태
② 브레이크 및 클러치의 작동 상태
③ 낙석, 낙하물 등의 위험이 예상되는 작업 시 견고한 헤드 가이드 설치 상태
✓ ④ 정격 용량보다 높은 회전으로 수차례 모터를 구동시켜 내구성 상태 점검

> [해설]
> ④는 엔진 시동 후 점검사항이다.
> 건설기계 장비의 운전 전 점검사항
> • 급유 상태 점검
> • 일상 점검
> • 장비 점검

60 작업장에 대한 안전관리상 설명으로 틀린 것은?

① 항상 청결하게 유지한다.
② 작업대 사이 또는 기계 사이의 통로는 안전을 위한 일정한 너비가 필요하다.
✓ ③ 공장바닥은 폐유를 뿌려, 먼지 등이 일어나지 않도록 한다.
④ 전원 콘센트 및 스위치 등에 물을 뿌리지 않는다.

> [해설]
> 공장바닥에 폐유를 뿌려두면 미끄럼의 위험도 있지만, 화재의 위험이 크다.

제7회 기출복원문제

01 천장크레인의 브레이크 중에서 전기를 투입하여 유압으로 작동하는 브레이크는?

① 오일 디스크 브레이크
② 마그넷 브레이크
✓ ③ 스러스트 브레이크
④ 다이내믹 브레이크

해설
③ 스러스트 브레이크는 전기를 투입하여 유압으로 작동되는 것으로 횡행 및 주행용 브레이크에 주로 사용된다.
① 오일 디스크 브레이크 : 전동기용 브레이크로서 전기로 구동하지 아니하고 유압으로만 작동된다.
② 마그넷 브레이크 : 전자력을 이용하여 브레이크 디스크에 브레이크 블록을 압착시켜 제동하는 방식의 브레이크를 말한다.
④ 다이내믹 브레이크 : 천장크레인이 권하 동작을 하는 동안 운동에너지를 전기에너지로 변환시켜 이 전기에너지를 소모시켜 제어하므로 안정된 저속도를 얻는 브레이크이다.

02 속도제어 제동기는 어떤 때 속도제어를 하는가?

① 권상 시
✓ ② 권하 시
③ 권상과 권하 시
④ 횡행과 권상 시

해설
다이내믹 브레이크(속도제어 제동기)는 크레인이 권하 작용을 할 때 매달리는 하중의 크기와 소비전력 사이의 평행점에서 안정된 저속도를 얻는다.

03 고속형 천장크레인의 집전장치로 중간지지를 갖는 수평배열이며, 휠이나 슈를 사용하는 것은?

① 폴형 집전장치
✓ ② 팬터그래프형 집전장치
③ 고정형 집전장치
④ 자유형 집전장치

해설
• 폴형 집전장치 : 폴(pole)이 휠의 선단을 떠받쳐 하부에 설치한 스프링의 힘으로 트롤리선과 적당한 압력으로 접촉하는 방식이다. 주로 저속형에서 사용한다.
• 고정형 집전장치 : 트롤리선의 자체중량을 접촉압력으로 사용하는 것이다.

04 천장크레인의 무선 원격제어기의 구조에 대한 설명 중 틀린 것은?

① 무선 원격제어기는 사용 중 충격을 받으면 곧바로 작동이 정지될 것
② 무선 원격제어기는 관계자 이외의 자가 취급할 수 없도록 잠금장치가 되어 있을 것
③ 조작 신호 이외의 신호에서 크레인이 작동되지 아니할 것
✓ ④ 송신기의 최소 보호등급은 옥내용인 경우 IP55, 옥외용인 경우 IP43 이상일 것

해설
송신기의 최소 보호등급은 옥내용인 경우 IP43, 옥외용인 경우 IP55 이상일 것

05 천장크레인의 비상정지장치에 대한 설명 중 옳은 것은?

① 비상정지장치는 작동된 이후 자동으로 복귀되어야 한다.
② 비상정지누름 버튼은 매립형이어야 한다.
③ **비상정지장치는 접근이 용이한 곳에 설치되어야 한다.**
④ 비상정지누름 버튼의 색상은 녹색이어야 한다.

> **해설**
> ① 비상정지장치가 작동된 경우 수동으로 전원을 복귀시키는 구조여야 한다.
> ②, ④ 비상정지장치의 누름 버튼은 돌출형이고 적색이어야 한다.

06 훅에 대한 설명 중 틀린 것은?

① 재료는 탄소강 단강품을 사용한다.
② 훅 해지장치는 균열 및 변형 등이 없어야 한다.
③ **마모는 원 치수의 30% 이상이면 교환한다.**
④ 훅 블록에는 정격하중이 표기되어야 한다.

> **해설**
> 훅(hook)의 국부 마모가 원 치수의 5%를 초과하면 폐기한다.

07 주행, 횡행, 권상 등의 일상점검 방법은?

① **무부하로 실시한다.**
② 정격하중을 매달고 실시한다.
③ 정격하중의 1/2을 매달고 실시한다.
④ 시험하중을 매달고 실시한다.

> **해설**
> 무부하로 운전을 행하여 각 안전장치, 브레이크 기능을 알아본다.

08 천장크레인에서 주권, 보권 등에서 사용하는 권과 방지장치는?

① **리밋(limit) 스위치**
② 오일게이지
③ 집중그리스펌프
④ 와이어로프

> **해설**
> 권과 방지장치인 리밋 스위치(제한 개폐기)는 스크루형(나사형), 캠형, 중추형(레버식)이 있고 상용(1차 안전장치)과 비상용(2차 안전장치)으로도 구분한다.

09 시브 홈 지름이 너무 큰 경우 나타나는 사항에 대한 설명으로 옳지 않은 것은?

① 와이어로프의 형태를 납작하게 변형시킨다.
② 와이어로프의 마모를 촉진시킨다.
③ 시브의 마모를 촉진시킨다.
④ **시브의 수명을 연장시킨다.**

> **해설**
> 시브 홈 지름이 너무 큰 경우는 시브의 수명을 단축시킨다.

10 천장크레인의 보도 설치 기준으로 맞는 것은?

① 정격하중이 3t 이상의 천장크레인 거더에는 폭 20cm 이상의 보도를 설치해야 한다.
② 보도면으로부터 높이 30cm 이상의 손잡이로 된 난간이 설치되어야 한다.
③ 중간대 및 보도면으로부터 높이 1cm 이상의 덧판을 설치해야 한다.
④ ✓ 보도면은 미끄러지거나 넘어지는 등의 위험이 없는 구조여야 한다.

[해설]
① 정격하중이 3t 이상의 천장크레인 거더에는 폭 40cm 이상의 보도를 설치해야 한다.
② 보도면으로부터 높이 90cm 이상의 손잡이로 된 난간이 설치되어야 한다.
③ 중간대 및 보도면으로부터 높이 3cm 이상의 덧판을 설치해야 한다.

11 천장크레인의 유압브레이크에서 공기가 유입되면 나타나는 현상은?

① 권상의 경우 상·하 동작 시 급정지한다.
② ✓ 주행의 경우 정지시켜도 밀림현상이 생긴다.
③ 주행의 경우 기동불능현상이 생긴다.
④ 권상의 경우 기동불능현상이 생긴다.

[해설]
유압브레이크는 계통 내에 공기가 들어가면 제동을 걸어도 공기가 압축되어 있어 제동되지 않고 밀림 현상이 생긴다.

12 천장크레인에서 주행레일의 진직도는 전 주행길이에 걸쳐 최대 얼마 이내여야 하는가?

① 20mm
② ✓ 10mm
③ 5mm
④ 2mm

[해설]
주행레일의 진직도는 전 주행길이에 걸쳐 최대 10mm 이내이고, 수평방향의 휨 양은 주행길이 2m마다 ±1mm 이내일 것

13 천장크레인의 크기 표시 '40/20t, span 28m'에서 span 28m의 뜻은?

① 주행차륜 사용 허용 평균속도이다.
② ✓ 주행차륜 중심 간 수평거리가 28m이다.
③ 주행레일의 길이가 28m이다.
④ 횡행차륜 간의 거리가 28m이다.

[해설]
주권 40t, 보권 20t, 스팬 28m

14 2개의 키를 1쌍으로 하여 축과 보스를 조합하는 형태의 키는?

① 성크 키
② ✓ 접선 키
③ 플랫 키
④ 페더 키

[해설]
접선 키는 키 중 전달하는 회전력이 가장 큰 키이다.

15 정격하중에 대한 설명으로 옳은 것은?

① **훅의 무게를 제외한 순수 취급 하중**
② 평상시 주로 사용하는 취급 하중
③ 훅의 무게를 포함한 취급 하중
④ 주권과 보권이 표시한 권상능력의 합

해설
정격하중
크레인의 권상하중에서 훅, 그래브, 버킷 등의 달기구의 중량에 상당하는 하중을 뺀 하중을 말한다.

16 천장크레인 운전실에 대한 설명으로 틀린 것은?

① 운전자가 안전운전을 할 수 있도록 충분한 시야를 확보할 수 있는 구조여야 한다.
② 운전실의 제어기에는 작동방향 표시가 있어야 한다.
③ **운전자가 인양물을 잘 볼 수 있도록 운전실에는 조명장치를 설치하지 아니한다.**
④ 운전자가 쉽게 조작할 수 있는 위치에 개폐기, 제어기, 브레이크, 경보장치를 설치해야 한다.

해설
운전실에는 적절한 조명을 갖출 것

17 버퍼 스토퍼에 대해 설명한 것 중 옳은 것은?

① 강판으로 접합하여 케이스를 만들어 충격의 부담을 덜어주는 스토퍼
② 새들의 차륜을 보호하기 위해 씌운 덮개
③ 거더의 비틀림을 방지하기 위해 설치해 놓은 스토퍼
④ **단단한 고무나 스프링 또는 유압을 이용하여 충돌 시 충격을 완화하는 스토퍼**

해설
버퍼 스토퍼는 유압, 고무, 스프링 등을 이용하여 충돌 시 충격을 완화하는 장치이다.

18 제어반의 제작 설치 설명 중 틀린 것은?

① 내부 배선은 전용의 단자를 사용해야 한다.
② 접촉단자 체결나사의 풀림, 탈락이 없어야 한다.
③ 전선 인입구 피복의 손상 또는 탈락이 없어야 한다.
④ **외함의 구조는 충전부가 개방형으로 적합한 구조여야 한다.**

해설
외함의 구조는 충전부가 노출되지 아니하도록 폐쇄형으로 잠금장치가 있고 사용 장소에 적합한 구조일 것

19 천장크레인 권상용 훅의 국부마모에 의한 사용한도에 해당하는 마모량은?

- ✓ ① 원래 치수의 5% 이내일 것
- ② 원래 치수의 10% 이내일 것
- ③ 원래 치수의 20% 이내일 것
- ④ 원래 치수의 50% 이내일 것

20 크레인 안전기준상 차륜 플랜지의 사용 가능한 최대 마모한도는 원 치수의 몇 %인가?

- ① 10
- ② 20
- ③ 30
- ✓ ④ 50

> [해설] 주행차륜 플랜지 두께의 마모한도는 주행·횡행 모두 원래 규격치수의 50%까지이며, 경사는 수직 위치에서 20°까지이다.

21 천장크레인의 전기기기에서 사용하는 절연물 중 'F종' 절연물의 허용 최고 온도는?

- ① 90℃
- ② 120℃
- ③ 130℃
- ✓ ④ 155℃

> [해설] 절연물의 허용 최고 온도
>
> | 종류 | 허용 최고 온도(℃) |
> |---|---|
> | Y종 | 90 |
> | A종 | 105 |
> | E종 | 120 |
> | B종 | 130 |
> | F종 | 155 |
> | H종 | 180 |
> | C종 | 180 초과 |

22 유도 및 직류전동기 축의 베어링이 과열하는 원인이 아닌 것은?

- ① 벨트의 장력이 너무 세다.
- ✓ ② 시동 토크가 적다.
- ③ 오일의 점도가 부적당하다.
- ④ 축의 베어링이 변형되어 있다.

> [해설] 전동기 측 토크보다 부하 측 토크가 연속적으로 큰 경우

23 천장크레인의 주행 시 갑자기 장애물을 발견했을 때 가장 먼저 취해야 할 것은?

- ① 분전반의 스위치를 전부 차단한다.
- ② 컨트롤러를 전부 제로 노치에 놓는다.
- ✓ ③ 비상스위치를 누른다.
- ④ 조종레버를 최대한 몸 쪽으로 당긴다.

24 윤활유의 작용으로 틀린 것은?

- ① 냉각작용
- ② 방청작용
- ✓ ③ 응력집중작용
- ④ 밀봉작용

> [해설] 응력분산작용

25 천장크레인으로 중량물을 운반 시 일반적으로 안전한 높이는 지상으로부터 얼마인가?

① 0.5m ② 1.0m
③ 1.5m ❹ 2.0m

26 천장크레인의 운전 시작 전 점검사항이 아닌 것은?

① 천장크레인의 주행로상 또는 천장크레인이 이동하는 영역 안에 장애물 유무 확인
② 천장크레인 정지기구 및 레일 클램프와 같은 고정장치 해제 유무
❸ 천장크레인 부하시험 시 과부하 방지장치 동작 상태 확인
④ 운전실 내 각종 레버와 스위치의 이상 유무

[해설]
운전 시작 전 점검사항
• 작업시작 전 운전자는 작업내용과 작업순서에 대해 관계자와 충분히 협의
• 크레인 주행 중에 또는 크레인이 이동하는 영역 안에 장애물은 없는가 확인
• 크레인 정지기구 및 레일 클램프와 같은 고정장치의 해제 유무
• 기계실 또는 운전실 내의 각종 레버와 스위치의 이상 유무
• 방호장치의 이상 유무
• 하물을 매달지 않은 무부하 상태에서 시운전을 3회 이상 실시

27 ( )에 맞는 말을 순서대로 짝지은 것은?

> 전기의 스파크는 주파수가 ( )수록 심하며, ( )보다 ( )쪽이 스파크가 크다.

① 낮을, 교류, 직류
❷ 높을, 교류, 직류
③ 높을, 직류, 교류
④ 낮을, 직류, 교류

[해설]
전기부품의 스파크 발생 원인
• 접촉면이 거칠 때 많다.
• 주파수가 높을수록 많다.
• 접촉점 간의 전압이 높을 때 많다.
• 전기 스파크는 교류보다 직류에서 많이 발생한다.

28 천장크레인 운전자가 화물을 권상할 때 위험한 상태에서 작업안전을 위해 급정지시키는 비상정지장치에 대한 설명으로 가장 적합한 것은?

① 작업 종료 시 전원을 차단하기 위한 장치이다.
❷ 누름 버튼은 적색으로 머리 부분이 돌출되고, 수동 복귀되는 형식이다.
③ 누름 버튼은 황색으로 머리 부분이 돌출되고, 자동 복귀되는 형식이다.
④ 탑승용(운전석) 크레인일 경우 권상레버와 같이 부착된다.

29 권상 시 갑자기 이상 제동이 걸렸을 때의 원인으로 옳지 않은 것은?

① 조작반 퓨즈가 끊어졌다.
② 열 전동 릴레이가 떨어졌다.
③ 마그넷 브레이크용 회로에 이상이 있다.
④ **모터의 이상 소음이 발생한다.**

해설
운전 중 전자브레이크에 이상 제동이 걸리는 경우 점검해야 할 곳은 전원 전압이다.

30 플랜지형 플렉시블 커플링에는 무엇으로 체결되어 있는가?

① 아이 볼트   ② 핀
③ **리머 볼트** ④ 성크 키

해설
플렉시블(휨) 커플링에는 잘 풀리지 않도록 리머 볼트(리머로 다듬질한 구멍에 박아 체결하는 볼트)를 사용한다.

31 전기부품의 점검 중 불꽃(spark) 발생의 대비책이 아닌 것은?

① 스위치의 접촉면에 먼지나 이물질이 없도록 한다.
② **전원 차단 시에는 반드시 메인 측에서 부하 측 순서로 한다.**
③ 스위치류의 개폐는 급속히 행한다.
④ 접촉면을 매끄럽게 유지한다.

해설
전원 차단 시는 반드시 부하 측으로부터 메인(main) 측의 순서로 행한다.

32 접선키에서 120° 각도로 두 곳에 키를 끼우는 이유는?

① 작은 동력을 전달하기 위해
② 축을 강하게 하기 위해
③ **역회전을 할 수 있게 하기 위해**
④ 축압을 막기 위해

33 천장크레인의 조작 방법 중 옳지 않은 것은?

① **천장크레인의 컨트롤러의 조작 방향과 작동 방향이 일치해야 하며, 중간 위치에서 작동되도록 한다.**
② 주행과 횡행은 안전을 확인한 후 작동해야 한다.
③ 권상 및 권하 컨트롤은 중립위치에서는 작동이 정지해야 한다.
④ 운전자는 신호수의 신호에 따라 운전해야 한다.

해설
크레인의 작동 종류, 방향과 일치하는 표시가 되어 있고, 정해진 작동 위치가 아닌 중간 위치에서는 작동되지 않을 것

34 구름 베어링의 특징으로 틀린 것은?

① 과열의 위험이 적다.
✓ ② 충격하중에 강하다.
③ 값이 비싸다.
④ 하우징(housing)이 크고, 설치가 어렵다.

해설
구름 베어링(rolling bearing)의 단점
- 값이 비싸다.
- 충격하중에 약하다.
- 하우징이 크게 되고 설치와 조립이 어렵다.
- 소음 및 진동이 생기기 쉽다.
- 전문적인 제작 공정이 필요하다.
- 부분 수리가 불가능하므로 베어링 전체를 바꿔야 한다.

35 축 저널의 손상 원인에 대한 설명으로 거리가 가장 먼 것은?

① 제작상의 불량
② 강성 부족
✓ ③ 과다한 오일 공급
④ 장치 불량

해설
불충분한 오일 공급
※ 윤활유 속의 불순물이나 오일의 부족 또는 베어링의 간극 과소나 축이나 커넥팅로드의 휨이나 비틀림 등으로 일어난다. 이러한 영향은 오일의 소비증대나 소음 또는 유압의 저하와 각부에 이상 마모로 이어진다.

36 입력 전압이 440V, 60Hz인 3상 유도전동기가 있다. 극수가 4극이고 슬립이 3%일 때 회전자 속도(rpm)는 약 얼마인가?

✓ ① 1,746
② 1,780
③ 1,800
④ 1,880

해설
$N = 120\dfrac{f}{P}(1-s)$ (여기서, N : 회전수, f : 주파수, P : 극수, s : 슬립)
즉, $N = \dfrac{120 \times 60}{4}(1-0.03) = 1,746$(rpm)이다.

37 천장크레인으로 물건을 운반할 때 주의사항으로 틀린 것은?

✓ ① 정격하중의 15%까지는 초과할 수 있다.
② 적재물이 떨어지지 않도록 한다.
③ 로프 등의 안전 여부를 항상 점검한다.
④ 운반 중 사람이 다치지 않도록 한다.

해설
규정 무게보다 초과하여 적재하지 않는다.

38 급유해야 할 부위는?

① 브레이크 라이닝
✓ ② 감속기어
③ 레일의 상면
④ 고무벨트

39 20kW의 전동기가 23PS의 동력을 발생하고 있을 때 전동기의 효율은 약 얼마인가?(단, 1PS는 735W이다)

① 64%   ❷ 85%
③ 90%   ④ 99%

해설
전동기의 효율 = $\dfrac{한\ 일}{공급된\ 전기에너지} \times 100$

= $\dfrac{23 \times 735}{20,000} \times 100$

= 84.525(%)

40 천장크레인의 시브 홈의 마모 한도는 와이어로프 지름의 얼마 이하여야 하는가?

❶ 20%   ② 30%
③ 40%   ④ 50%

해설
시브 홈은 이상 마모가 없고, 마모 한도는 와이어로프 지름의 20% 이하일 것

41 크레인의 권상용 와이어로프의 주유에 관한 사항 중 바른 것은?

❶ 그리스를 와이어로프의 전체 길이에 충분히 칠한다.
② 그리스를 와이어로프에 칠할 필요가 없다.
③ 기계유를 로프의 심까지 충분히 적신다.
④ 그리스를 로프의 마모가 우려되는 부분만 칠하는 것이 좋다.

42 힘의 모멘트가 $M = P \times L$일 때 P와 L은?

① P : 힘, L : 길이
② P : 길이, L : 넓이
③ P : 무게, L : 부피
④ P : 부피, L : 넓이

43 2,000kg의 물건을 두 줄걸이로 하여 줄걸이 로프의 각도를 60°로 매달았을 때 한쪽 줄에 걸리는 하중은 약 몇 kg인가?

① 1,455   ② 1,355
③ 1,255   ❹ 1,155

해설
로프에 작용하는 하중 = $\dfrac{짐의\ 무게}{로프의\ 수} \div 로프의\ 각(\sin)$

$\sin 60° = 0.866$이므로

로프에 작용하는 하중 = $\dfrac{2,000}{2} \div 0.866 = 1,155$(kg)이다.

44 줄걸이 작업 시 짐의 무게중심에 대해 주의할 사항으로 옳지 않은 것은?

① 짐의 무게중심 판단은 정확히 할 것
❷ 짐의 무게중심은 가급적 높이도록 할 것
③ 무게중심의 바로 위에 훅을 유도할 것
④ 무게중심이 전후, 좌우로 치우친 것을 주의할 것

[해설]
매다는 물체의 중심은 가능한 낮게 한다.

45 와이어로프 규격에서 '6호품 6×37 B종 보통 S꼬임'에서 B종의 의미는?

① 소선의 굵기를 표시하는 기호이다.
② 소선의 재료가 황동(brass)임을 표시한다.
❸ 소선의 인장강도의 구분을 의미한다.
④ 소선의 색체가 청색인 것을 의미한다.

46 와이어로프에 대한 마모 및 교체 기준으로 옳지 않은 것은?

① 한 꼬임에서 소선의 수가 10% 이상 절단된 것
② 소선 및 스트랜드의 돌출이 확인되는 것
③ 외부 마모에 의한 공칭지름 감소가 7% 이상인 것
❹ 킹크나 부식은 없어도 단말고정을 할 것

[해설]
권상와이어로프의 폐기 기준
• 와이어로프의 한 가닥에서 소선의 수가 10% 이상 절단 시
• 지름 감소가 공칭지름의 7% 이상 시
• 심한 부식이나 변형이 있는 것
• 킹크가 발생한 것
• 파손, 변형으로 기능, 내구력이 없어진 것
• 열에 의해 손상된 것

47 크레인의 와이어로프를 클립으로 고정할 때 클립 간격은 얼마가 가장 적당한가?

① 와이어로프 지름의 2배
② 와이어로프 지름의 4배
❸ 와이어로프 지름의 6배
④ 와이어로프 지름의 8배

[해설]
와이어로프 클립의 간격은 로프 지름의 6배 이상으로 한다.

48 와이어로프의 '보통 꼬임'에 대한 설명으로 옳지 않은 것은?

① 소선 꼬임과 스트랜드 꼬임의 방향이 반대인 것이다.
❷ 소선의 외부 접촉 길이가 짧으므로 랭 꼬임보다 단선과 마모가 적다.
③ 킹크(kink)가 생기는 것이 적다.
④ 소선은 로프 축과 평행하다.

> **해설**
> 보통 꼬임
> • 소선의 꼬임과 스트랜드의 꼬임 방향이 반대인 것이다.
> • 외부와 접촉 면적이 작아서 마모는 크지만 킹크 발생이 적고 취급이 용이하다.
> • 보통 꼬임은 랭 꼬임에 비해서 소선 꼬임의 경사가 급하다.

49 신호수가 집게손가락을 위로 올려 동그라미를 그릴 때의 신호는?

① 주행   ② 권하
❸ 권상   ④ 가속

50 크레인에 사용하는 와이어로프의 사용 중 점검항목으로 적합하지 않은 것은?

① 마모 상태 검사
❷ 소선의 인장강도 검사
③ 부식 상태 검사
④ 엉킴, 꼬임 및 킹크 상태 검사

> **해설**
> 소선의 인장강도 검사는 제작 시 하는 검사이다.

51 안전모에 대한 설명으로 바르지 못한 것은?

① 알맞은 규격으로 성능시험에 합격품이어야 한다.
❷ 구멍을 뚫어서 통풍이 잘 되게 하여 착용한다.
③ 각종 위험으로부터 보호할 수 있는 종류의 안전모를 선택해야 한다.
④ 가볍고 성능이 우수하며, 머리에 꼭 맞고, 충격흡수성이 좋아야 한다.

> **해설**
> 모체에 구멍이 없어야 한다. 단, 착장체 및 턱끈의 설치 또는 안전등, 보안면 등을 붙이기 위한 구멍은 제외한다 (A종 안전모는 일반구조 외에 통기의 목적으로 모체에 구멍을 뚫을 수 있으며 통기구멍의 총면적은 150mm^2 이상 내지 450mm^2 이하여야 한다).

52 중량물 운반 작업 시 착용해야 할 안전화로 가장 적절한 것은?

❶ 중 작업용   ② 보통 작업용
③ 경 작업용   ④ 절연용

> **해설**
> 안전화의 종류
> • 중 작업용 : 공구, 기계 및 시설 장비 사용, 목재 등의 원료취급, 건축을 위한 강재취급 및 강재운반, 수확물 등의 중량물 운반 작업, 가공대상물의 중량이 큰 물체를 취급하는 작업장에서 사용
> • 보통 작업용 : 일반적으로 기계 및 가공품을 손으로 취급하는 작업 및 차량 사업장, 기계 등을 운전 조작하는 일반 작업장에서 사용
> • 경 작업용 : 수확물 선별작업, 포장 및 제품조립, 화학품 선별, 반응장치운전, 식품 가공업 등 비교적 경량의 물체를 취급하는 작업장에서 사용

53 구동 벨트를 점검할 때 기관의 상태는?

① 공회전 상태 ② 급가속 상태
❹ 정지 상태 ④ 급감속 상태

> [해설]
> 구동 벨트 점검은 정지 상태에서 한다.

54 사고를 일으킬 수 있는 직접적인 재해의 원인은?

① 기술적 원인
② 교육적 원인
③ 작업관리의 원인
❹ 불안전한 행동의 원인

> [해설]
> 사고의 원인

직접 원인 (1차 원인)	불안전 상태 (물적 원인)	• 물자체의 결함, 안전방호장치 결함, 복장 보호구의 결함, 작업환경의 결함 • 생산공정의 결함, 경계표 시설비의 결함
	불안전 행동 (인적 원인)	• 위험장소 접근, 안전장치 기능 제거, 복장 보호구의 잘못 사용 • 기계기구의 잘못 사용, 운전 중인 기계 장치 손질, 불안전한 속도 조작 • 불안전한 상태 방치, 불안전한 자세 동작, 위험물 취급 부주의
	천재지변	불가항력
간접 원인	교육적 원인	개인적 결함(2차 원인)
	기술적 원인	
	관리적 원인	사회적 환경, 유전적 요인

55 다음 중 재해발생 원인이 아닌 것은?

① 잘못된 작업 방법
② 관리감독 소홀
③ 방호장치의 기능 제거
❹ 작업 장치 회전반지름 내 출입금지

> [해설]
> 작업 장치의 회전반지름 내 출입금지는 예방대책이다.

56 작업 시 보안경 착용에 대한 설명으로 틀린 것은?

① 가스 용접할 때는 보안경을 착용해야 한다.
❹ 절단하거나 깎는 작업을 할 때는 보안경을 착용해서는 안 된다.
③ 아크 용접할 때는 보안경을 착용해야 한다.
④ 특수 용접할 때는 보안경을 착용해야 한다.

> [해설]
> 보안경 착용 작업
> • 가공물 등이 절단되거나 절삭면이 날아오는 등으로 근로자에게 위험이 미칠 우려가 있는 때
> • 아세틸렌 용접장치에 의한 용접, 용단작업 및 교류아크 용접작업
> • 가스집합 용접장치에 의한 용접, 용단작업

57 안전수칙을 지킴으로써 발생될 수 있는 효과로 거리가 가장 먼 것은?

① 기업의 신뢰도를 높여준다.
② 기업의 이직률이 감소된다.
❸ 기업의 투자경비가 늘어난다.
④ 상하 동료 간의 인간관계가 개선된다.

해설
안전을 잘 지키면 기업의 투자경비가 줄어든다.

58 안전하게 공구를 취급하는 방법으로 적합하지 않은 것은?

① 공구를 사용한 후 제자리에 정리하여 둔다.
② 끝 부분이 예리한 공구 등을 주머니에 넣고 작업을 하여서는 안 된다.
③ 공구를 사용 전에 손잡이에 묻은 기름 등은 닦아내어야 한다.
❹ 숙달이 되면 옆 작업자에게 공구를 던져서 전달하여 작업능률을 올린다.

해설
작업 중 공구를 던지면 공구 파손과 안전상 위험을 초래한다.

59 작업장에서 작업복을 착용하는 이유로 가장 옳은 것은?

① 작업장의 질서를 확립하기 위해서
② 작업자의 직책과 직급을 알리기 위해서
❸ 재해로부터 작업자의 몸을 보호하기 위해서
④ 작업자의 보장 통일을 위해서

해설
작업복 착용의 목적은 안전성 확보, 작업의 편리성 추구, 작업능률 향상 등이 있지만 안전성 확보의 목적이 가장 크다.

60 공구 및 장비 사용에 대한 설명으로 틀린 것은?

① 공구는 사용 후 공구상자에 넣어 보관한다.
② 볼트와 너트는 가능한 소켓 렌치로 작업한다.
❸ 토크 렌치는 볼트와 너트를 푸는 데 사용한다.
④ 마이크로미터를 보관할 때는 직사광선에 노출시키지 않는다.

해설
토크 렌치는 볼트 등을 조일 때 조이는 힘을 측정하기 위해 쓰는 렌치이다.

교육이란 사람이 학교에서 배운 것을 잊어버린 후에 남은 것을 말한다.

– 알버트 아인슈타인 –

모의고사

제1회~제7회 모의고사

정답 및 해설

합격의 공식 *시대에듀* www.sdedu.co.kr

제1회 모의고사

정답 및 해설 p.173

01 거더와 새들을 점검하는 방법이 아닌 것은?
① 부재의 균열 유무 확인
② 구조물의 용접부에 균열 또는 결함의 발생 유무 확인
③ 취부 볼트의 풀림, 부식 등은 없는지 확인
④ 윤활유는 적당한지 확인

02 기어가 취부된 구동 측의 주행차륜의 지름차는 얼마 이내여야 하는가?
① 0.2%   ② 0.5%
③ 2%   ④ 5%

03 천장크레인이 권하 동작을 하는 동안 운동에너지를 전기에너지로 변환시켜 이 전기에너지를 소모시켜 제어하므로 안정된 저속도를 얻는 것은?
① DC 마그넷 브레이크(magnet brake)
② EC 브레이크(eddy current brake)
③ 다이내믹 브레이크(dynamic brake)
④ 리밋 스위치(limit switch)

04 권상장치의 속도 제어용 브레이크는?
① 와류 브레이크
② 직류 전자 브레이크
③ 교류 전자 브레이크
④ 디스크 타입 전자 브레이크

05 천장크레인에 대한 설명으로 적합하지 않은 것은?
① 천장크레인의 작업능력은 1회의 작업량, 즉 권상톤수로 표시한다.
② 천장크레인 운전석은 매연, 분진 등에 대비한 밀폐형도 있다.
③ 천장크레인 운전석이 바로 아래를 내려다 볼 수 있는 바닥 쪽에 유리창으로 된 형도 있다.
④ 천장크레인의 주행 브레이크는 마그넷 브레이크를 사용하여 제동력을 높인다.

06 권상장치의 주요 구성 요소가 아닌 것은?

① 전동기　② 감속기
③ 브레이크　④ 경보장치

07 천장크레인의 시험하중은 정격하중의 몇 %인가?

① 70　② 110
③ 135　④ 200

08 크레인의 권상장치에서 드럼의 권과 방지장치를 설명한 것 중 틀린 것은?

① 권과 방지장치는 스크루식, 캠식, 중추식이 주로 사용된다.
② 중추식은 훅(hook)의 접촉에 의거 작동된다.
③ 캠식은 도르래의 회전에 의거 작동된다.
④ 스크루식은 드럼의 회전에 의거 작동된다.

09 천장크레인의 양정에 대한 설명으로 옳은 것은?

① 훅이 수직으로 움직일 수 있는 거리
② 훅이 좌우로 움직일 수 있는 거리
③ 훅이 새들 중심에서 바닥까지 움직인 거리
④ 훅이 상한 리밋 스위치가 작동하는 지점에서 하한 리밋 스위치가 작동하는 지점까지의 거리

10 주행레일에서 레일 측면의 마모는 원래 규격 치수의 몇 % 이내여야 하는가?

① 3　② 5
③ 10　④ 20

11 차륜주행 관련 점검사항으로 가장 거리가 먼 것은?

① 레일의 굽음
② 차륜의 열전도율
③ 베어링의 마모상태
④ 차륜의 중심선 일치 여부

12 전자 브레이크 라이닝 20% 마모 시 가장 올바르게 표현한 것은?

① 전자석이 손상될 염려가 있다.
② 브레이크 드럼과 라이닝의 간격이 좁아진다.
③ 사용 가능 범위에 있는 상태이므로 정상 사용이 가능하다.
④ 브레이크 드럼의 면이 손상될 우려가 있다.

13 크레인에서 유압식 디스크 브레이크의 공기빼기 작업 중 옳지 않은 방법은?

① 브레이크 파이프를 빼면서 행한다.
② 마스터 실린더에서 브레이크 오일을 보급하면서 행한다.
③ 일반적으로 마스터 실린더에서 제일 먼 곳의 휠 실린더에서 행한다.
④ 브레이크 계통 라인에 공기가 유입되어 유격이 많은 경우 공기빼기 작업을 한다.

14 안전장치에 사용하는 것으로 횡행, 주행 등의 운동에 대한 과도한 진행을 방지하는 기구는?

① 컨트롤러   ② 경보장치
③ 타임 릴레이   ④ 리밋 스위치

15 천장크레인용 훅(hook)에 대한 설명으로 틀린 것은?

① 훅의 재료는 기계 구조용 탄소강을 사용하는 것을 원칙으로 한다.
② 매다는 하중이 50t 이하일 때는 양쪽 현수 훅을 사용한다.
③ 훅의 재료는 강도와 함께 연성이 커야 한다.
④ 훅의 안전계수는 5 이상이다.

16 시브에서 와이어로프 마모발생 방지대책 중 틀린 것은?

① 시브 지름을 크게 한다.
② 시브 홈의 지름을 아주 크게 한다.
③ 시브 홈의 가공을 정밀하게 한다.
④ 시브는 적정한 경도의 재질을 사용한다.

17 철판 운반 시 가장 적합한 기종은?

① 마그넷 크레인   ② 훅 크레인
③ 버킷 크레인   ④ 단조 크레인

18 와이어로프는 달기구 및 지브의 위치가 가장 아래쪽에 위치할 때 드럼에 최소 몇 회 이상의 감기는 여유가 있어야 하는가?

① 1　　② 2
③ 5　　④ 10

19 천장크레인의 3운동이 아닌 것은?

① 주행　　② 회전
③ 권상　　④ 횡행

20 훅 또는 달기기구에 대한 사항으로 틀린 것은?

① 훅 블록 또는 달기기구에는 정격하중이 표기되어 있을 것
② 볼트, 너트 등은 풀림 또는 탈락이 없을 것
③ 해지장치는 균열 변형 등이 없을 것
④ 훅 본체는 균열 또는 변형 등이 없어야 하고, 국부마모는 원 치수의 10% 이내일 것

21 천장크레인이 주기적인 정비를 위한 예비품목과 가장 거리가 먼 것은?

① 퓨즈
② 브레이크 라이닝
③ 전동기 브러시
④ 제어반(패널)

22 스퍼 기어에 피니언의 잇수가 18개이고 1,000rpm으로 회전할 때 상대편의 기어를 500rpm으로 회전시키려면 기어의 잇수는 몇 개로 해야 하는가?

① 40　　② 36
③ 27　　④ 9

23 두 축을 30° 이내의 교각으로 연결할 때 사용하는 축 연결 장치로 적합한 것은?

① 머프 커플링
② 플랜지 커플링
③ 스플라인 이음
④ 유니버설 조인트

24 축과 보스에 각각 홈을 파서 때려 박는 일반적인 키(key) 방식은?

① 묻힘 키　　② 안장 키
③ 평 키　　④ 원뿔 키

25 베어링이 고착하는 경우와 가장 거리가 먼 것은?

① 급유가 불충분한 경우
② 급유 오일의 선정이 잘못된 경우
③ 과부하로 베어링의 유막이 파괴된 경우
④ 저속으로 회전하는 경우

26 저항체의 종류에 따른 저항기 구분으로 맞는 것은?

① 분할형, 일체형, 그리드형 등이 있다.
② 권선형, 그리드형, 리본형 등이 있다.
③ A종, B종, 일체형 등이 있다.
④ 직권형, 분권형, 권선형 등이 있다.

27 운전종료 후 조치사항으로 적합하지 않은 것은?

① 각 부의 기기를 청소한다.
② 운전 중 이상을 느꼈던 부분을 점검한다.
③ 각 제어기를 off하고, 전원스위치를 off한다.
④ 크레인 작업 종료 지점에 정지하고, 메인 스위치 off한다.

28 60Hz 4극인 유도전동기 슬립이 4%일 때 회전수(rpm)는?

① 72 ② 240
③ 1,728 ④ 1,800

29 크레인을 보수 관리하는 데 중요한 부분장치로 예방보전이 가장 필요한 장치는?

① 주행장치 ② 횡행장치
③ 권상장치 ④ 크래브장치

30 천장크레인의 감속기에서 오일 브리더(oil breather)의 역할은?

① 감속기의 오일양을 측정하는 눈금 표시이다.
② 감속기 내의 오일 압력을 높여주는 장치이다.
③ 감속기의 오일 상태를 점검하기 위한 오일 토출구이다.
④ 감속기의 오일이 더워지면 발생하는 가스(수증기)가 빠져 나가는 장치이다.

31 두 개의 동작을 한 개의 핸들(handle)로서 동시에 조작하는 컨트롤러(controller)는?

① 유니버설 ② 크랭크식
③ 수평식 ④ 마그넷식

32 3상 권선형 유도전동기의 전류 제한 및 속도조정 목적으로 사용하는 것은?

① 브러시(brush)
② 2차 저항기
③ 회전자(rotor)
④ 슬립 링(slip ring)

33 횡행장치에서 전원공급방식으로 사용하지 않는 것은?

① 케이블 캐리어
② 페스툰 방식
③ 트롤리 와이어 방식
④ 케이블 릴 방식

34 크레인 운전 후 점검해야 할 조치사항으로 틀린 것은?

① 운전일지를 기록하여 보관한다.
② 각 브레이크의 제동상태를 확인한다.
③ 각 동작부위의 이완 및 풀림을 주의 깊게 확인한다.
④ 각 스위치는 정지 위치에 두되 배전반의 스위치는 차단하지 말고 그대로 둔다.

35 크레인의 일반적인 기동법으로 맞는 것은?

① 2차 저항 기동법
② △-Y 기동법
③ 리액터 기동법
④ 소프트 스타터 기동법

36 크레인을 주행레일(work way)에서 탑승하고자 한다. 가장 적절한 방법은?

① 같은 크레인 운전원이므로 승차용 사다리를 이용, 필요시 임의 승차한다.
② 크레인의 주행방향으로 따라 가다가 정지하면 곧 승차한다.
③ 운전 중인 운전원을 큰 소리로 불러 크레인을 정지시킨다.
④ 승차용 버저를 사용하여 크레인이 정지한 후 신호를 보내주면 탑승한다.

37 크레인 운전자가 화물을 권상할 때 위험한 상태에서 작업안전을 위해 급정지시키는 비상정지장치에 대한 설명으로 가장 적합한 것은?

① 작업 종료 시 전원을 차단하기 위한 장치이다.
② 누름 버튼은 적색으로 머리 부분이 돌출되고, 수동 복귀하는 형식이다.
③ 누름 버튼은 황색으로 머리 부분이 돌출되고, 자동 복귀하는 형식이다.
④ 탑승용(운전석) 크레인일 경우 권상레버와 같이 부착된다.

38 회로의 전압을 측정하는 데 적합한 계기는?

① 전류테스터 ② 저항측정기
③ 메거테스터 ④ 멀티테스터

39 너트의 풀림 방지법에 대한 설명으로 틀린 것은?

① 와셔에 의한 방법은 주로 스프링 와셔가 쓰이며, 와셔의 탄성에 의한다.
② 핀, 작은 나사를 쓰는 방법은 볼트 홈붙이 너트에 핀이나 작은 나사를 이용한 고정 방법이다.
③ 철사에 의한 방법은 철사로 잡아맨다.
④ 너트의 회전방향에 의한 법은 축의 회전방향과 같은 방향으로 돌릴 때 잠기는 너트를 이용하는 것이다.

40 다음 중 동력의 단위에 해당하는 것은?

① kW ② A
③ K   ④ J

41 와이어로프 줄걸이 작업자가 작업을 실시할 때 고려해야 할 사항과 가장 거리가 먼 것은?

① 짐의 중량 ② 짐의 중심
③ 짐의 부피 ④ 짐을 매는 방법

42 동일조건에서 2줄 걸기 작업의 줄걸이 각도 α 중 로프에 장력이 가장 크게 걸리는 각도는?

① $\alpha = 30°$ 일 때
② $\alpha = 60°$ 일 때
③ $\alpha = 90°$ 일 때
④ $\alpha = 120°$ 일 때

43 와이어로프의 심강을 3가지 종류로 구분한 것은?

① 섬유심, 공심, 와이어심
② 철심, 동심, 아연심
③ 섬유심, 랭심, 동심
④ 와이어심, 아연심, 랭심

44 그림에서 240t의 부하물을 들어 올리려 할 때 당기는 힘은 몇 t인가?(단, 마찰계수 및 각종 효율은 무시한다)

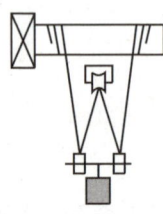

① 60 ② 80
③ 120 ④ 240

45 국내 크레인 안전 및 검사기준상 권상용 와이어로프의 안전율은?

① 4.0 ② 5.0
③ 6.0 ④ 7.0

46 클립(clip) 고정이 가장 적합하게 된 것은?

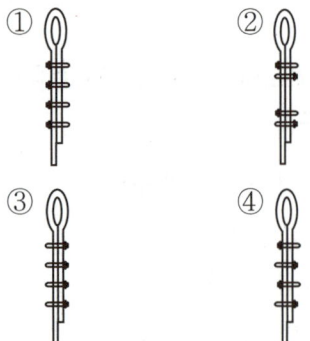

47 와이어로프(wire rope)의 마모한도에 따른 교환 기준을 설명한 것으로 맞는 것은?

① 킹크(kink)가 발생한 경우
② 로프에 그리스가 많이 발린 경우
③ 마모로 지름의 감소가 공칭지름의 3% 이상인 경우
④ 로프의 한 꼬임(스트랜드를 의미) 사이에서 소선 수의 7% 이상 소선이 절단된 경우

48 권상장치 등의 드럼에 홈이 있는 경우와 홈이 없는 경우의 플리트(fleet) 각도(와이어로프가 감기는 방향과 로프가 감겨지는 방향의 각도)를 옳게 설명한 것은?

① 홈이 있는 경우 10° 이내, 홈이 없는 경우 5° 이내이다.
② 홈이 있는 경우 5° 이내, 홈이 없는 경우 10° 이내이다.
③ 홈이 있는 경우 4° 이내, 홈이 없는 경우 2° 이내이다.
④ 홈이 있는 경우 2° 이내, 홈이 없는 경우 4° 이내이다.

49 크레인에서 리밋 스위치의 전동에 쓰이는 일반적인 체인은?

① 롤러 체인 ② 롱 링크 체인
③ 숏 링크 체인 ④ 스터드 체인

50 크레인 신호 중 한 손을 들어 올려 주먹을 쥐는 신호는?

① 정지
② 비상정지
③ 작업 완료
④ 위로 올리기

51 산업재해의 분류에서 사람이 평면상으로 넘어졌을 때(미끄러짐 포함)를 말하는 것은?

① 떨어짐
② 부딪힘
③ 넘어짐
④ 무너짐

52 전기기기에 의한 감전사고를 막기 위해 필요한 설비로 가장 중요한 것은?

① 고압계 설비
② 접지 설비
③ 방폭등 설비
④ 대지 전위 상승장치 설비

53 전기장치에 관한 설명으로 틀린 것은?

① 전류계는 부하에 병렬로 접속해야 한다.
② 절연된 전극이 접지되지 않도록 해야 한다.
③ 축전지 전원 결선 시는 합선되지 않도록 유의해야 한다.
④ 계기 사용 시는 최대 측정범위를 초과해서 사용하지 말아야 한다.

54 수공구 취급 시 안전에 관한 사항으로 틀린 것은?

① 해머자루의 해머고정 부분 끝에 쐐기를 박아 사용 중 해머가 빠지지 않도록 한다.
② 렌치 사용 시 본인의 몸 쪽으로 당기지 않는다.
③ 스크루 드라이버 사용 시 공작물을 손으로 잡지 않는다.
④ 스크레이퍼 사용 시 공작물을 손으로 잡지 않는다.

55 안전한 작업을 위해 보안경을 착용해야 하는 작업은?

① 엔진오일 보충 및 냉각수 점검 작업
② 제동등 작동 점검 시
③ 장비의 하체 점검 작업
④ 전기저항 측정 및 배선 점검 작업

56 안전작업 사항으로 잘못된 것은?

① 전기장치는 접지를 하고, 이동식 전기기구는 방호장치를 한다.
② 엔진에서 배출되는 일산화탄소에 대비한 통풍 장치를 설치한다.
③ 담뱃불은 발화력이 약하므로 제한 장소 없이 흡연해도 무방하다.
④ 주요 장비 등은 조작자를 지정하여 누구나 조작하지 않도록 한다.

57 작업장에서 공동 작업으로 물건을 들어 이동할 때 잘못된 것은?

① 보조를 맞추어 들도록 할 것
② 힘의 균형을 유지하여 이동할 것
③ 불안전한 물건은 드는 방법에 주의할 것
④ 운반도중 상대방에게 무리하게 힘을 가할 것

58 작업장의 안전수칙 중 틀린 것은?

① 공구는 오래 사용하기 위해 기름을 묻혀서 사용한다.
② 작업복과 안전장구는 반드시 착용한다.
③ 각종 기계를 불필요하게 공회전시키지 않는다.
④ 기계의 청소나 손질은 운전을 정지시킨 후 실시한다.

59 안전표지 색채 중 대피장소 또는 방향 표시의 색채는?

① 파란색 ② 녹색
③ 빨간색 ④ 노란색

60 재해 발생 원인으로 가장 높은 비율을 차지하는 것은?

① 사회적 환경
② 불안전한 작업환경
③ 작업자의 성격적 결함
④ 작업자의 불안전한 행동

제2회 모의고사

정답 및 해설 p.177

01 천장크레인에서 횡행용 와이어로프의 안전율은 최소 얼마 이상이어야 하는가?

① 4
② 5
③ 8
④ 10

02 완충장치(buffer)의 종류로서 알맞지 않은 것은?

① 유압 buffer
② 고무 buffer
③ 강철 buffer
④ 스프링 buffer

03 다음 중 주행 제동용으로 주로 사용하는 브레이크는?

① 마그네틱 브레이크(magnetic brake)
② 에디 커런트 브레이크(eddy current brake)
③ 오일 디스크 브레이크(oil disk brake)
④ 스피드 컨트롤 브레이크(speed control brake)

04 다음 중 권상장치의 동력전달 순서로 맞는 것은?

① 전동기 → 기어 감속기 → 커플링 → 드럼 → 와이어로프 → 훅
② 전동기 → 커플링 → 기어 감속기 → 드럼 → 와이어로프 → 훅
③ 전동기 → 커플링 → 드럼 → 기어 감속기 → 와이어로프 → 훅
④ 전동기 → 기어 감속기 → 드럼 → 커플링 → 와이어로프 → 훅

05 중추식 리밋 스위치(limit S/W)의 사용처를 설명한 것으로 가장 적합한 것은?

① 주권에만 사용
② 주·횡행에 공통사용
③ 권상장치에서 권상 시에 사용
④ 권상장치에 주로 사용하나 필요에 따라 주·횡행도 사용 가능

06 다음 중에서 크레인 운전자격·면허·기능 또는 경험이 없어도 운전이 가능한 크레인은?

① 정격하중이 3t인 조종석 부착 타워 크레인
② 정격하중이 5t인 조종석 부착 천장크레인
③ 정격하중이 10t인 지상 조작식 천장크레인
④ 정격하중이 30t인 조종석 부착 컨테이너 크레인

07 차륜 플랜지의 한쪽만 계속 레일과 접촉하여 마모되는 원인이 아닌 것은?

① 레일과 차륜의 직각도 불량
② 좌우 주행레일의 높이가 다름
③ 좌우 구동차륜의 지름 차가 큼
④ 구동차륜과 종동차륜의 지름이 다름

08 다음 천장크레인 중 권하 속도가 빠를수록 좋은 것은?

① 원료장입 크레인
② 주기 크레인
③ 강괴 크레인
④ 담금질 크레인

09 그림에서 로프 시브의 호칭지름은?

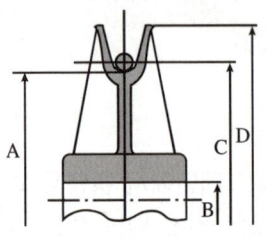

① A
② B
③ C
④ D

10 전자 브레이크의 전자석 부분 과열 원인 중 틀린 것은?

① 권선의 부분단락
② 전원 전압의 강하
③ 브레이크슈(shoe)의 마모
④ 철심이 완전히 흡착하지 않음

11 자주 조정할 필요 없이 구조가 간단하고 정격속도의 1/5의 안정된 저속도를 쉽게 얻을 수 있는 브레이크는 어느 것인가?

① 스러스트 브레이크
② 다이내믹 브레이크
③ 와류(EC) 브레이크
④ CF(change frequency) 브레이크

12 천장크레인에서 스팬(span)의 설명으로 맞는 것은?

① 좌우 주행차륜 중심 간의 거리를 말한다.
② 좌우 주행레일 중심 간의 거리를 말한다.
③ 좌우 횡행레일 중심 간의 거리를 말한다.
④ 좌우 횡행차륜 중심 간의 거리를 말한다.

13 크레인용 훅(hook) 또는 달기기구에 대한 설명으로 틀린 것은?

① 국부마모는 원 치수의 5% 이내여야 한다.
② 훅 본체는 균열 또는 변형이 없어야 한다.
③ 훅의 균열시험은 자기탐상 방법으로 실시할 수 있다.
④ 훅은 하중을 걸어 시험할 때 정격하중의 250%를 걸어 테스트한다.

14 드럼에 홈이 없는 경우 와이어로프가 감길 때의 플리트각(fleet angle)은 몇 도 이내로 해야 하는가?

① 2   ② 4
③ 6   ④ 8

15 산업안전보건법상 크레인 완성검사 시 적용하는 과부하 방지장치의 하중시험 값으로 적합한 것은?

① 정격하중의 100% 하중
② 정격하중의 110% 하중
③ 정격하중의 120% 하중
④ 정격하중의 125% 하중

16 크레인의 안전장치로서 주행, 횡행 등 운동의 과행을 방지하기 위한 보호 장치는?

① 퓨즈
② 리밋 스위치
③ 오버로드 스위치
④ 전자 접촉기

17 천장크레인의 주행차륜 지름의 마모는 원 치수의 몇 %가 사용한도인가?

① 원 치수의 3%
② 원 치수의 5%
③ 원 치수의 7%
④ 원 치수의 10%

18 천장크레인에서 주행레일 연결부 틈새는 얼마인가?

① 3mm 이하 ② 3mm 이상
③ 5mm 이하 ④ 5mm 이상

19 다음 중 다이내믹 브레이크를 설명한 것으로 맞는 것은?

① 구조가 간단하고 정격속도의 1/5의 안정도나 저속도를 쉽게 얻을 수 있다.
② 직류전자석으로 구성되어 있으며 직류전원용으로 별도 전용 제어함이 필요하다.
③ 다이내믹 브레이크에는 마그넷 브레이크, 스러스트 브레이크, 유압 브레이크가 있다.
④ 다이내믹 제동방식은 운동에너지를 전기에너지로 변환시켜 이 전기에너지를 소모시켜 제어한다.

20 크레인 권상브레이크의 제동 토크는 정격하중에 상당하는 하중을 걸고 권상 시 토크의 몇 배 이상이어야 하는가?

① 1.5 ② 2
③ 2.5 ④ 3

21 다음은 전동기의 분해 순서를 열거한 것이다. 바르게 순서대로 열거한 항목은?

> ㉠ 외선 커버의 급유용 그리스 니플과 부속 파이프 및 외선 커버를 분해한다.
> ㉡ 고정자와 회전자를 분리한 후 베어링을 뽑는다.
> ㉢ 슬립 링 측의 측함 커버 취부 볼트를 뽑은 후 슬립 링 측의 베어링을 분해한다.
> ㉣ 외선 팬을 뽑고 브래킷을 분리시킨다.

① ㉠-㉡-㉢-㉣
② ㉠-㉢-㉡-㉣
③ ㉣-㉠-㉡-㉢
④ ㉠-㉢-㉣-㉡

22 전기기기의 불꽃(spark) 발생을 막기 위한 방법으로 틀린 것은?

① 접촉면을 매끄럽게 유지시킨다.
② 스위치류의 개폐는 신속히 행한다.
③ 가능한 교류보다 직류를 많이 사용한다.
④ 스위치의 접촉면에 먼지나 이물질이 없도록 한다.

23 천장크레인 점검보수 작업 중 감전사고가 발생하였다. 조치 방법으로 틀린 것은?

① 즉시 전원을 차단한다.
② 즉시 피해자를 잡아 당겨 접촉물로부터 분리시킨다.
③ 감전되어 인사불성에 빠지더라도 전원 차단 후 인공호흡을 실시한다.
④ 전원을 차단하기 어려운 경우에는 마른 헝겊이나 플라스틱 등 절연물을 이용하여 접촉물을 제거한다.

24 두 축이 서로 교차할 때 사용하는 기어는?

① 평 기어 ② 베벨 기어
③ 웜 기어 ④ 헬리컬 기어

25 천장크레인으로 물건을 운반할 때 주의할 점으로 틀린 것은?

① 경우에 따라서 정격하중 무게보다 약간 초과할 수 있다.
② 적재물이 떨어지지 않도록 한다.
③ 로프의 안전 여부를 점검한다.
④ 운반 중 작업자의 위치에 주의한다.

26 플랜지형 플렉시블 커플링에는 무엇으로 체결되어 있는가?

① 아이 볼트 ② 핀
③ 리머 볼트 ④ 성크 키

27 전동기 회전수를 구하는 계산식은?(단, N : 회전수, f : 주파수, P : 극수, s : 슬립)

① $N = 120\dfrac{f}{P}(1-s)$

② $N = 120\dfrac{P}{f}(1-s)$

③ $N = \dfrac{f}{120}P(1-s)$

④ $N = 120\dfrac{P}{(1-s)} \times f$

28 권선의 변환수리를 행하였을 때 잘못해서 계자의 회전방향을 반대로 결선하면 역전될 위험이 있다. 이 경우 회로를 자동으로 차단하는 장치는?

① 칼날형 개폐기
② 타임 릴레이
③ 역상 보호 계전기
④ 무전압 보호장치

29 구름 베어링에서 금속음이 들릴 때의 추정 원인으로 틀린 것은?

① 과하중
② 회전부품의 접촉
③ 베어링 조립 불량
④ 윤활제의 과다

30 전자접촉기의 개폐불량 중 조정으로 가능한 것은?

① 접점의 마모
② 코일 직렬 저항단선
③ 보조 접점 접촉 불량
④ 인터로크 파손

31 천장크레인의 운전 전 점검사항으로 적당하지 않은 것은?

① 권상용 감속기의 오일양
② 리밋 스위치의 작동 여부
③ 브레이크 라이닝의 마모 정도
④ 컨트롤러 접촉자의 접촉 상태를 눈으로 직접 확인

32 윤활유의 작용으로 틀린 것은?

① 냉각작용　　② 방청작용
③ 응력집중작용　④ 밀봉작용

33 축 방향으로 이동이 가능하고 가장 큰 동력을 전달할 수 있는 것은?

① 성크 키　　② 스플라인 키
③ 새들 키　　④ 플랫 키

34 다음 중 전압의 단위로 맞는 것은?

① V　　② A
③ Ω　　④ W

35 옥외에 설치되어 있는 주행 크레인은 순간 풍속이 얼마가 되면 이탈 방지장치를 작동시켜야 하는가?

① 30m/s　　② 20m/s
③ 15m/s　　④ 10m/s

36 천장크레인으로 짐을 운반하고자 하는 경우 작업 방법으로 틀린 것은?

① 매단 짐의 운반 시 높이는 최소 2m 이상 유지해야 한다.
② 운반경로는 부근의 기계나 시설 상황을 고려해서 정해야 한다.
③ 신호는 어떠한 경우에도 한 사람의 신호에만 따른다.
④ 부득이한 경우에는 사람 머리 위를 지나가도 무방하다.

37 양축이 동일평면 내에 있고, 그 축선이 30° 이하의 각도로 교차하는 경우에 사용하는 축 이음으로서 훅 조인트라고도 하며, 양축 끝에 각각 요크(yoke)를 부착하고, 이것을 십자형의 핀으로 자유로이 회전할 수 있도록 연결한 축 이음은?

① 플렉시블 커플링
② 자재이음
③ 올덤 커플링
④ 고정축 이음

38 제어기(controller)의 핸들이 무거운 경우의 고장 원인과 대책 중 틀린 것은?

① 베어링에 기름이 없으면, 베어링에 급유한다.
② 이물이 혼입되어 있으면, 점검하여 청소한다.
③ 리턴 스프링이 열화되어 있으면 스프링을 교환한다.
④ 내부 기구가 부적당하면, 점검하여 조정한다.

39 관리와 보수에 관련된 사항 중 틀린 것은?

① 고장 발생이 많은 부품은 기계부분에는 기어(gear)이고, 전기부분의 고장으로는 전동기(motor)이다.
② 일반적으로 전기회로를 차단할 때(off)보다 연결할 때(on)에 스파크(이상전압)가 많으므로 주의한다.
③ 보전 방법에는 예방보전과 사후보전이 있으며, 예방보전이란 고장이 일어날 것 같은 부분을 계획적으로 교환 수리하는 방법이다.
④ 임시수리 중의 한 사항은 정기검사까지의 기간이 길 때 사용한도에 따라서 중간에 국부적으로 검사 수리하는 것이다.

40 스프링 재료의 구비조건이 아닌 것은?

① 내식성이 클 것
② 크리프 한도가 높을 것
③ 탄성한계가 높을 것
④ 전연성이 풍부할 것

41 와이어로프를 선정할 때 주의해야 할 사항이 아닌 것은?

① 용도에 따라 손상이 적게 생기는 것을 선정한다.
② 하중의 중량이 고려된 강도를 갖는 로프를 선정한다.
③ 심강(core)은 사용 용도에 따라 결정한다.
④ 높은 온도에서 사용할 경우 반드시 도금한 로프를 선정한다.

42 2,000kg의 짐을 두 줄걸이로 하여 줄걸이 로프의 각도를 60°로 매달았을 때 한쪽 줄에 걸리는 하중은 약 몇 kg인가?

① 2,310   ② 2,000
③ 1,155   ④ 578

43 와이어로프의 '보통 꼬임'에 대한 기술 중 틀린 것은?

① 취급이 용이하다.
② 킹크(kink)가 생기는 것이 적다.
③ 스트랜드의 꼬임 방향과 로프의 꼬임 방향이 반대인 것이다.
④ 소선의 외부 접촉 길이가 짧으므로 랭 꼬임(lang lay)보다 단선과 마모가 적다.

44 건설현장에서 와이어로프 점검 시 적절한 방법이 아닌 것은?

① 파단 상태의 점검
② 제작 방법 점검
③ 형상 변형 점검
④ 마모 및 부식 상태 점검

45 크레인의 와이어로프를 클립으로 조여 주려고 한다. 이때 클립 간격은 얼마가 가장 적당한가?

① 와이어로프 지름의 2배
② 와이어로프 지름의 4배
③ 와이어로프 지름의 6배
④ 와이어로프 지름의 10배

46 크레인 작업에 관한 설명 중 틀린 것은?

① 가벼운 짐이라도 외줄로 매달아서는 안 된다.
② 구멍이 없는 둥근 것을 매달 때는 로프를 +자 무늬로 한다.
③ 운전자는 줄걸이 상태가 좋지 않다고 생각될 때 그 작업을 하지 않아야 한다.
④ 부득이 두 대의 크레인으로 협력 작업을 할 때 지휘자는 절대 한 사람이어야 하며, 신호수는 크레인 한 대에 1명씩 필요하다.

47 40t의 부하물이 있다. 이 부하물을 들어 올리기 위해서는 20mm 지름의 와이어로프를 몇 가닥으로 해야 하는가?(단, 20mm 와이어의 절단하중은 20t이며 안전계수는 7로 하고, 와이어 자체의 무게는 0으로 계산한다)

① 2가닥(2줄걸이)
② 8가닥(8줄걸이)
③ 14가닥(14줄걸이)
④ 20가닥(20줄걸이)

48 그림과 같이 호각과 동시에 양손의 손바닥을 앞으로 하여 머리 위에 올려 급히 좌우로 2~3회 흔들며 호각은 아주 길게 신호하는 방법은?

① 호출 ② 신호 불명
③ 비상정지 ④ 작업 완료

49 와이어로프의 안전율을 계산하는 방법이 맞는 경우는?

① 로프의 절단하중 ÷ 로프에 걸리는 최대하중
② 로프의 절단하중 ÷ 로프에 걸리는 최소하중
③ 로프에 걸리는 최대하중 ÷ 로프의 절단하중
④ 로프에 걸리는 최소하중 ÷ 로프의 절단하중

50 줄걸이 용구에 해당하지 않는 것은?

① 슬링 와이어로프
② 섬유 벨트
③ 받침대
④ 섀클

51 전기 화재 시 가장 좋은 소화재는?

① 포 소화기
② 이산화탄소 소화기
③ 중조산식 소화기
④ 산·알칼리 소화기

52 안전관리상 옳지 못한 것은?

① 기름 묻은 걸레는 정해진 용기에 보관한다.
② 흡연 장소로 정해진 장소에서 흡연한다.
③ 쓰고 남은 기름은 하수구에 버린다.
④ 연소하기 쉬운 물질은 특히 주의를 요한다.

53 올바른 보호구 선택 시 적합하지 않은 것은?

① 사용 목적에 적합해야 한다.
② 사용 방법이 간편하고 손질이 쉬워야 한다.
③ 잘 맞는지 확인해야 한다.
④ 품질은 떨어져도 식별하기가 쉬워야 한다.

54 작업장에서 방진 마스크를 착용해야 할 경우는?

① 소음이 심한 작업장
② 분진이 많은 작업장
③ 온도가 낮은 작업장
④ 산소가 결핍되기 쉬운 작업장

55 소화하기 힘들 정도로 화재가 진행된 현장에서 제일 먼저 취해야 할 조치사항으로 가장 올바른 것은?

① 소화기 사용   ② 화재 신고
③ 인명 구조   ④ 경찰서에 신고

56 해머 작업 시 틀린 것은?

① 장갑을 끼지 않는다.
② 작업에 알맞은 무게의 해머를 사용한다.
③ 해머는 처음부터 힘차게 때린다.
④ 자루가 단단한 것을 사용한다.

57 복스 렌치가 오픈 렌치보다 많이 사용되는 이유는?

① 값이 싸며 적은 힘으로 작업할 수 있다.
② 가볍고 사용하는 데 양손으로도 사용할 수 있다.
③ 파이프 피팅 조임 등 작업용도가 다양하여 많이 사용된다.
④ 볼트, 너트 주위를 완전히 감싸게 되어 사용 중에 미끄러지지 않는다.

59 와이어 줄걸이 작업에서 사용하는 용구를 점검해야 하는 안전조건으로 맞는 것은?

① 단위 용구의 시험인양하중을 확인해야 한다.
② 스크루 및 pin의 상태를 확인해야 한다.
③ 섀클의 나사부는 해체하여 점검한다.
④ 섀클 본체는 구부려서 인장강도 시험을 한다.

58 전기용접 작업 시 용접기에 감전이 될 경우가 아닌 것은?

① 발밑에 물이 있을 때
② 몸에 땀이 배어 있을 때
③ 옷이 비에 젖어 있을 때
④ 앞치마를 하지 않았을 때

60 작업자가 작업을 할 때 반드시 알아두어야 할 사항이 아닌 것은?

① 안전수칙
② 작업량
③ 기계·기구의 사용법
④ 경영관리

제 3 회 모의고사

정답 및 해설 p.181

01 차륜 플랜지의 한쪽만 계속 레일과 접촉 마모되는 원인과 관계없는 것은?

① 레일과 차륜의 직각도 불량
② 좌우 주행레일의 높이가 다름
③ 좌우 구동차륜의 지름차가 큼
④ 구동차륜과 종륜차륜의 지름이 다름

02 천장크레인이 권하 동작을 하는 동안 운동에너지를 전기에너지로 변환시켜 이 전기에너지를 소모시켜 제어하므로 안정된 저속도를 얻는 것은?

① DC 마그넷 브레이크(magnet brake)
② EC 브레이크(eddy current brake)
③ 다이내믹 브레이크(dynamic brake)
④ 리밋 스위치(limit switch)

03 훅 상면에 설치된 압축스프링이 본체의 가이드스프링을 밀어 올려 리밋 스위치를 동작하는 형식의 권과 방지장치는?

① 호이스트형 권과 방지장치
② 전동 체인 블록형 권과 방지장치
③ 나사형 권과 방지장치
④ 중추형 권과 방지장치

04 천장크레인 완성검사 시험하중은 정격하중의 최소 몇 배를 초과 시험해야 하는가?

① 1.1
② 1.25
③ 2.5
④ 3.25

05 매다는 기구에서 굽힘응력, 전단력, 인장응력의 하중을 받으며, 줄걸이를 통하여 중량물을 직접 현수하는 부분은?

① 체인
② 로프
③ 모터
④ 훅

06 와이어로프를 드럼에서 최대로 풀었을 때 드럼에 남는 최소한도는 얼마가 적당한가?

① 최소 1가닥, 보통 3가닥
② 최소 2가닥, 보통 3가닥
③ 최소 3가닥, 보통 4가닥
④ 최소 1가닥, 보통 2가닥

07 크레인 안전기준상 차륜 플랜지의 사용 가능한 최대 마모한도는 원 치수의 몇 % 이내인가?

① 10
② 20
③ 30
④ 50

08 횡행차륜 정지용 스토퍼(stopper)의 적당한 높이는 차륜 지름의 얼마인가?

① 1/2 이상
② 1배 이상
③ 1/4 이상
④ 1/4 이하

09 천장크레인용 훅(hook)에 대한 설명으로 틀린 것은?

① 훅의 재료는 강도와 함께 연성이 커야 한다.
② 훅의 마모 깊이가 2mm가 되면 즉시 사용 금지한다.
③ 훅의 재료는 기계 구조용 탄소강을 사용하는 것을 원칙으로 한다.
④ 보통 50t 이하일 때는 한쪽 현수 훅을 사용하고, 그 이상일 때 양쪽 현수 훅을 사용한다.

10 브레이크용 전자석에 있어서 철심이 완전히 흡착되지 않을 때 현상으로 가장 적합한 것은?

① 과열된다.
② 충격이 커진다.
③ 기동력이 좋아진다.
④ 제동력이 상승한다.

11 천장크레인과 관련된 설명 중 틀린 것은?

① 휠베이스는 스팬 길이의 8배 이상이 되어야 좋다.
② 크래브란 횡행장치를 설치하여 양 거더 위에 설치된 레일 위를 왕복운동하는 대차이다.
③ 시징은 와이어 지름의 3배 정도를 해야 한다.
④ 천장크레인의 와이어 고정 시에 쐐기고정과 클립고정을 병용해서 사용하는 것이 좋다.

12 천장크레인 구조에 있어서 기본 4부 명칭이 아닌 것은?

① 거더(girder)
② 새들(saddle)
③ 크래브(crab)
④ 훅(hook)

13 주행레일에서 레일 측면의 마모는 원래 규격 치수의 몇 % 이내여야 하는가?

① 3   ② 5
③ 10 ④ 20

14 와이어로프에 대한 설명으로 틀린 것은?

① 비침투성 윤활유로 정기적으로 도포한다.
② 와이어로프의 주요 구성품은 wire, strand, core이다.
③ 파단소선의 수량, 파단소선의 위치는 교환기준이 된다.
④ 정기적인 지름 측정 및 외관검사를 해야 한다.

15 시브에서 와이어로프 마모발생 방지대책 중 틀린 것은?

① 시브 지름을 크게 한다.
② 시브 홈의 지름을 아주 크게 한다.
③ 시브 홈의 가공을 정밀하게 한다.
④ 시브는 적정한 경도의 재질을 사용한다.

16 천장크레인의 3대 주요 구동장치가 아닌 것은?

① 권상장치   ② 횡행장치
③ 주행장치   ④ 신호장치

17 전동기 회전수 1,152rpm, 전 감속비 1/18.1, 차륜의 지름이 400mm일 때 이 천장크레인의 주행속도는 대략 몇 m/min인가?

① 25.4   ② 60
③ 80   ④ 200

18 크레인의 작동과 안전장치 등의 조합에 대해 설명한 것 중 틀린 것은?

① 횡행 - 완충장치
② 주행 - 두 크레인 간의 충돌 방지장치
③ 권상 - 스크루(나사)형 리밋 스위치
④ 권하 - 중추형 리밋 스위치

19 리밋 스위치에 대한 설명 중 틀린 것은?

① 상용 리밋 스위치는 주로 중추식이 이용된다.
② 비상용 리밋 스위치는 상용 리밋 스위치가 고장 났을 때 작동하는 것이다.
③ 보통 권상장치에 사용하나, 필요에 따라 주·횡행에도 설치, 사용할 수 있다.
④ 권하 시 리밋 스위치가 작동하는 지점은 드럼에 와이어로프가 약 3바퀴 정도 남아 있는 지점이다.

20 크레인 용어 중 양정을 옳게 표현한 것은?

① 주행레일과 레일의 간격
② 횡행레일과 레일의 간격
③ 건물바닥이나 지상에서 크레인 상면까지의 거리
④ 상한 리밋 스위치 작동지점부터 하한 리밋 스위치 작동지점까지의 거리

21 옥외크레인을 사용 시 순간풍속이 초당 (   )m를 초과하는 바람이 불어올 우려가 있을 때에는 옥외에 설치되어 있는 주행 크레인에 대해 이탈 방지장치를 작동시키는 등 그 이탈을 방지하기 위한 조치를 하여야 한다. (   )에 적합한 풍속은?

① 20　　② 30
③ 45　　④ 60

22 기어 케이싱 내 베어링 커버에 대해 가장 주의해서 점검할 것은?

① 평 기어용　　② 웜 기어용
③ 헬리컬 기어용　　④ 유성 기어용

23 1PS는 약 몇 kW인가?

① 0.735　　② 7.5
③ 75　　④ 735

24 크레인의 주요 부분이 진동에 의하여 볼트가 풀릴 경우 이를 보완하기 위한 방법 중 옳지 않는 것은?

① 로크너트를 사용토록 한다.
② 평와셔를 넣고 더욱 조인다.
③ 홈붙이 너트를 사용하여 분할핀을 꽂아 놓는다.
④ 혀붙이 와셔를 사용하여 너트가 회전치 못하도록 다른 물체에 고정시킨다.

25 축(shaft)에 관한 설명 중 틀린 것은?

① 축끼리의 연결은 축 조인트라 한다.
② 축은 회전축과 전동축으로 구분한다.
③ 기계를 돌리기 위해 동력을 전달하는 축을 전동축이라 한다.
④ 축은 기계장치의 일부로서 회전에 의한 운동이나 동력을 전달하는 역할을 한다.

26 주의를 요하는 곳에 도색하는 표시색은?

① 회색　　② 녹색
③ 노란색　　④ 갈색

27 다음 사항 중 스파크(spark)가 일어날 수 있는 요소가 제일 적은 것은?

① 접속점에 흐르는 전류가 많을 때
② 접속점 간에 전압이 높을 때
③ 전기회로를 off로 하였을 때
④ 주파수가 높을 때

28 일정 규모 이상의 지진이 발생한 후에 크레인을 사용하여 작업을 하는 때에는 미리 크레인의 각 부위의 이상 유무를 점검하여야 하는데, 이때 일정 규모는?

① 약진 이상   ② 중진 이상
③ 진도 1 이상 ④ 진도 2 이상

29 전동장치에 대한 설명이 올바른 것은?

① 회전하는 두 축 사이에서 작동한다.
② 반드시 미끄럼 접촉을 해야 한다.
③ 반드시 구름 접촉을 해야 한다.
④ 연결부에는 핀을 쓴다.

30 다음 중 자석의 성질을 설명한 것이다. 틀린 것은?

① 남(S)극과 북(N)극을 가리킨다.
② 자성을 지닌 물체를 잡아당긴다.
③ 자력선은 N극에서 S극 쪽으로 흐른다.
④ 같은 극끼리는 서로 끌어당기고 다른 극끼리는 서로 반발한다.

31 운전자의 일상점검 사항이 아닌 것은?

① 컨트롤러의 작동상태 확인
② 각 브레이크 및 리밋 스위치 확인
③ 브레이크 라이닝의 마모상태 확인
④ 좌우레일의 높고 낮음의 차이 확인

32 다음 중 급유 시 그리스, 기어오일 등이 유입되어도 지장이 없는 곳은?

① 브레이크 풀리(pulley) 및 라이닝(lining)
② 와이어 드럼(wire drum)
③ 차륜의 플랜지 및 레일 상면
④ 전동용 벨트(belt)

33 60Hz 4극인 유도전동기 슬립이 4%일 때 회전수(rpm)는?

① 72   ② 240
③ 1,728   ④ 1,800

34 천장크레인에 사용하는 전동기 중 2차 저항제어 방식을 사용하여 기동 및 속도제어를 행하는 전동기는?

① 직류 직권 전동기
② 교류 권선형 유도전동기
③ 교류 농형 전동기
④ 직류 분권 전동기

35 화물을 지상에 내릴 때 정확하게 설명된 것은?

① 속도를 올릴 때와 같이 한다.
② 기계 조립 시에도 일반속도와 같이 한다.
③ 훅의 진동이 없으면 빨리 내려도 된다.
④ 적당한 높이까지 내린 후 천천히 내린다.

36 변압기의 1차 권수 80회, 2차 권수 320회인 경우 1차 측에 25V의 전압을 가하면 2차 전압(V)은?

① 50   ② 72
③ 100   ④ 125

37 다음 중 전자접촉기의 개폐 동작 불량 원인으로 틀린 것은?

① 전압강하가 크다.
② 접점의 마모가 크다.
③ 전동기의 속도가 너무 빠르다.
④ 조작회로가 고장이다.

38 저항기의 온도상승 요인이 아닌 것은?

① 인칭운전의 빈도가 높다.
② 사용빈도가 높다.
③ 통풍의 불량이다.
④ 최종 노치의 운전이 길다.

39 밑변 18mm, 길이 50mm, 높이 12mm인 1종 성크 키의 크기 표시 방법은?

① 18×50×12   ② 12×18×50
③ 18×12×50   ④ 50×18×12

40 베어링의 온도상승 원인을 열거한 것으로 틀린 것은?

① 속도계수를 초과한 경우
② 과하중이 작용한 경우
③ 베어링 수명 초과한 경우
④ 윤활제를 주유한 경우

41 와이어로프의 안전율 계산 시 사용하는 절단하중은 우리나라에서는 어떤 규정을 적용하는가?

① KS A 3514
② KS B 3514
③ KS C 3514
④ KS D 3514

42 섀클에 각인된 SWL의 의미가 맞는 것은?

① 안전작업 하중
② 제작 회사 마크
③ 섀클의 절단 하중
④ 섀클의 재질

43 와이어로프의 보관 방법 중 틀린 것은?

① 로프가 직접 지면에 닿도록 보관해야 한다.
② 건조하고 지붕이 있는 곳에 보관해야 한다.
③ 직사광선이나 열기 등에 의한 그리스의 변질이 없도록 보관해야 한다.
④ 한 번 사용한 로프를 보관할 때는 오물 등을 제거하고 그리스를 바르고 잘 감아서 보관해야 한다.

44 체인을 사용할 때 주의사항으로 틀린 것은?

① 비틀린 상태에서는 사용하지 말 것
② 높은 곳에서 떨어뜨리지 말 것
③ 화물의 밑에 깔려 있는 체인은 강제로 뽑아낼 것
④ 영하의 온도에서 사용할 때는 충격이 가해지지 않도록 할 것

45 4.8t의 부하물을 4줄걸이로 하여 각도 60°로 매달았을 때 한쪽 줄에 걸리는 하중은 약 몇 t인가?

① 0.69
② 1.23
③ 1.39
④ 1.46

46 와이어로프(wire rope)의 구성 기호 중 6×24는?

① 6은 스트랜드 수, 24는 소선 수
② 6은 소선 수, 24는 스트랜드 수
③ 6은 안전계수, 24는 와이어지름
④ 6은 와이어지름, 24는 안전계수

47 크레인의 와이어로프를 교환해야 된다고 판단되는 것은?

① 1년간 사용하였을 때
② 외관상 매우 지저분할 때
③ 와이어로프에 기름이 많이 묻었을 때
④ 소선 수가 10% 이상 절단되거나 지름이 공칭지름의 7% 이상 감소되었을 때

48 줄걸이 작업 시 기본적인 주의사항으로 틀린 것은?

① 훅 등의 매다는 도구는 매다는 짐의 중심 위에 위치시킬 것
② 권상, 권하 작업 시 급격한 충격을 피할 것
③ 매다는 각도는 원칙적으로 60° 이상으로 할 것
④ 권상, 권하 작업 시 안전한가 눈으로 확인할 것

49 신호법 중 오른손으로 왼손을 감싸 2~3회 적게 흔드는 신호수 내용은?

① 신호 불명
② 기다려라
③ 천천히 이동
④ 크레인 이상 발생

50 가는 와이어로프일 때 짝감아걸이로 맞는 것은?

① 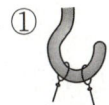   ②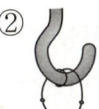
③    ④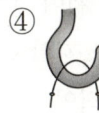

51 소화 작업 시 적합하지 않은 것은?

① 화재가 일어나면 화재 경보를 한다.
② 가스밸브를 잠그고 전기스위치를 끈다.
③ 카바이드 및 유류에는 물을 뿌린다.
④ 배선의 부근에 물을 뿌릴 때에는 전기가 통하는지의 여부를 확인 후에 한다.

52 벨트 취급에 대한 안전사항 중 틀린 것은?

① 벨트 교환 시 회전을 완전히 멈춘 상태에서 한다.
② 벨트의 회전을 정지시킬 때 손으로 잡는다.
③ 벨트에는 적당한 장력을 유지하도록 한다.
④ 고무벨트에는 기름이 묻지 않도록 한다.

53 재해의 복합 발생 요인이 아닌 것은?

① 환경의 결함   ② 사람의 결함
③ 품질의 결함   ④ 시설의 결함

54 작업장에 대한 안전관리상 설명으로 틀린 것은?

① 항상 청결하게 유지한다.
② 전원 콘센트 및 스위치 등에 물을 뿌리지 않는다.
③ 공장바닥은 폐유를 뿌려, 먼지 등이 일어나지 않도록 한다.
④ 작업대 사이, 또는 기계 사이의 통로는 안전을 위한 일정한 너비가 필요하다.

55 크레인 인양 작업 시 줄걸이 안전사항으로 적합하지 않은 것은?

① 신호자는 원칙적으로 1인이다.
② 신호자는 크레인 운전자가 잘 볼 수 있는 안전한 위치에서 행한다.
③ 2인 이상의 고리걸이 작업 시에는 상호 간에는 소리를 내면서 행한다.
④ 권상 작업 시 지면에 있는 보조자는 와이어로프를 손으로 꼭 잡아 하물이 흔들리지 않게 해야 한다.

56 스패너 또는 렌치 작업 시 주의할 사항이다. 맞지 않는 것은?

① 해머 필요시 대용으로 사용할 것
② 너트와 꼭 맞게 사용할 것
③ 조금씩 돌릴 것
④ 몸 앞으로 잡아당길 것

57 반드시 보호안경을 끼고 작업해야 할 때와 가장 거리가 먼 것은?

① 차체에서 변속기를 뗄 때
② 산소용접을 할 때
③ 그라인더를 사용할 때
④ 정밀한 조종 작업을 할 때

58 안전보건표지의 종류와 형태에서 그림의 표지로 맞는 것은?

① 출입금지
② 탑승금지
③ 보행금지
④ 비상구 없음

59 수공구 사용상의 재해의 원인이 아닌 것은?

① 잘못된 공구 선택
② 규격에 맞는 공구 사용
③ 공구의 점검 소홀
④ 사용법의 미 숙지

60 작업복에 대한 설명으로 적합하지 않은 것은?

① 작업복은 몸에 알맞고 동작이 편해야 한다.
② 작업복은 항상 깨끗한 상태로 입어야 한다.
③ 주머니가 너무 많지 않고, 소매가 단정한 것이 좋다.
④ 착용자의 연령, 성별 등에 관계없이 일률적인 스타일을 선정해야 한다.

제4회 모의고사

정답 및 해설 p.185

01 다음 중 브러시를 사용하지 않는 전동기는?

① 직류전동기　② 권선형 전동기
③ 정류자 전동기　④ 농형 전동기

02 회전운동을 직선운동으로 바꿀 때 쓰이는 기어는?

① 헬리컬 기어　② 베벨 기어
③ 랙과 피니언　④ 웜과 웜 기어

03 천장크레인 거더 중에서 공간 이용이 용이하고, 부식에 강하며 기기류를 설치하기 편리하고 큰 하중을 받는 데 유리한 것은?

① 플레이트 거더　② 강관 구조 거더
③ 박스 거더　④ 트러스 거더

04 천장크레인에서 주권, 보권 등에서 사용하는 권과 방지장치는?

① 리밋(limit) 스위치
② 오일게이지
③ 집중그리스펌프
④ 와이어로프

05 리밋 스위치의 설명으로 적합한 것은?

① 큰 전류가 흐를 경우 자동으로 회로를 차단하는 장치
② 로프의 과권를 방지하기 위한 장치
③ 운반물의 급강하를 방지하기 위한 장치
④ 비상시 작동 중인 동력을 차단하는 장치

06 치차 또는 차륜 등과 같은 회전체를 축에 고정할 때 사용하는 기계요소는?

① 커플링(coupling)
② 베어링(bearing)
③ 클러치(clutch)
④ 키(key)

07 드럼에 홈이 없는 경우 와이어로프가 감길 때의 플리트 각(fleet angle)은 몇 도 이내로 해야 하는가?

① 2　　② 4
③ 6　　④ 8

08 천장크레인에 대한 설명 중 틀린 것은?

① 새들(saddle)은 주행차륜을 장치하여 주행레일 위에 설치된다.
② 새들(saddle) 양끝에는 주행완충용 스토퍼를 설치하여 충격을 완화시킨다.
③ 휠베이스(wheel base)는 스팬(span) 길이의 8배 이상이 되어야 좋다.
④ 일반적으로 권상능력이 5t 이하이고, 스팬이 12m 이하일 때는 호이스트로 한다.

09 권상장치의 속도 제어용 브레이크는?

① 와류 브레이크
② 직류 브레이크
③ 교류 브레이크
④ 디스크 타입 전자 브레이크

10 다음 중 고정식 크레인의 종류가 아닌 것은?

① 천장크레인　　② 지브크레인
③ 크롤러크레인　　④ 타워크레인

11 스퍼 기어에서 잇수가 18개인 피니언이 1,000rpm으로 회전하고 있다. 기어를 450rpm 회전시키려면 기어의 잇수는 몇 개로 해야 하는가?

① 40　　② 70
③ 150　　④ 250

12 천장크레인의 전기기기에서 사용하는 절연물 중 'B종' 절연물의 허용 최고 온도(℃)는?

① 90　　② 120
③ 130　　④ 155

13 다음은 전동기 분해순서를 열거한 것이다. 바르게 열거한 항목은?

> ㉠ 외선 커버의 급유용 그리스 니플과 부속 파이프 및 외선 커버를 분해한다.
> ㉡ 고정자와 회전자를 분리한 후 베어링을 뽑는다.
> ㉢ 슬립 링 측의 측함 커버 취부 볼트를 뽑은 후 슬립 링 측의 베어링을 분해한다.
> ㉣ 외선 팬을 뽑고 브래킷을 분리시킨다.

① ㉠-㉡-㉢-㉣　　② ㉠-㉢-㉡-㉣
③ ㉣-㉠-㉡-㉢　　④ ㉠-㉢-㉣-㉡

14 메거테스터는 무엇을 측정하는 기구인가?

① 전기 전도도
② 전력량
③ 전압
④ 전기 절연저항

15 트롤리(trolley) 동선의 좌우 고저 차는 기준면에서 몇 mm 이하를 유지해야 하는가?

① ±2
② ±4
③ ±6
④ ±8

16 다음 설명 중 틀린 것은?

① 운전 시 베어링 이상 음이 발생하면 즉시 점검토록 해야 한다.
② 평베어링 점검 시 스며 나오는 오일에 이물질이 있는지 이상 유무를 살펴본다.
③ 베어링 발열 여부 측정 시 측정온도가 대기온도와 같을 때 결함이 있다고 본다.
④ 회전 베어링의 하우징(housing)에서 그리스를 1/3 정도 채우면 약 2,000시간 사용가능하다.

17 스플라인의 특징이 아닌 것은?

① 내구력이 작다.
② 큰 토크를 전달할 수 있다.
③ 큰 하중의 권상 드럼에 쓰인다.
④ 축과 보스의 중심축을 정확하게 맞출 수 있다.

18 배전반 및 분전반의 설치장소로 부적합한 곳은?

① 안정된 장소
② 밀폐된 장소
③ 개폐기를 쉽게 개폐할 수 있는 장소
④ 전기회로를 쉽게 조작할 수 있는 장소

19 헬리컬 기어의 설명으로 적절하지 않은 것은?

① 회전 시에 축압이 생긴다.
② 스퍼 기어보다 가공이 힘들다.
③ 이의 물림이 좋고 연속적으로 접촉한다.
④ 진동과 소음이 크고 운전이 정숙하지 않다.

20 브레이크 라이닝의 마모한도는 원 치수 두께의 몇 %가 되면 교환하는가?

① 30 ② 40
③ 50 ④ 60

21 사용전압이 700V인 경우 저압 전로의 절연저항 하한값은?

① 0.3MΩ ② 0.4MΩ
③ 0.5MΩ ④ 1.0MΩ

22 점검사항 중 일상점검에 속하는 것은?

① 케이블 상태
② 브레이크의 작동 상태
③ 레일 연결 및 체결부 상태
④ 각 단자 접촉 상태

23 축 이음의 소음 발생 원인으로 가장 거리가 먼 것은?

① 할형 커플링 ② 플렉시블 커플링
③ 기어 커플링 ④ 자재이음

24 감속기어의 소음 발생 원인으로 가장 거리가 먼 것은?

① 피치 오차가 크면 소음이 많이 난다.
② 치면의 다듬질 정도가 거칠거나 흠이 있으면 소음이 난다.
③ 헬리컬 기어를 사용하면 소음이 많이 난다.
④ 윤활유가 없거나 부적당한 오일이면 소음이 난다.

25 리밋 스위치에 대한 설명 중 틀린 것은?

① 상용 리밋 스위치는 주로 중추식이 이용된다.
② 보통 권상장치에 사용하나 필요에 따라 주·횡행에도 설치 사용할 수 있다.
③ 비상용 리밋 스위치는 사용하는 리밋 스위치가 고장이 났을 때 작동하는 것이다.
④ 권하 시 리밋 스위치가 작동하는 지점은 드럼에 와이어로프가 약 3바퀴 정도 남아 있는 지점이다.

26 천장크레인 모터용 부품에서 반드시 예비품으로 준비해 둘 필요가 있는 것은?

① 회전자 ② 팁(tip)
③ 고정자 ④ 브러시(brush)

27 구름 베어링(rolling bearing)에서 금속음이 들릴 때의 추정 원인으로 틀린 것은?

① 과하중
② 회전부품의 접촉
③ 베어링 조립 불량
④ 윤활제의 과다

28 구름 베어링의 단점은?

① 과열의 위험이 적다.
② 소음 및 진동이 생기기 쉽다.
③ 마멸이 적으므로 빗나감도 적다.
④ 윤활유가 적게 들고, 급유에 드는 수고가 적다.

29 체인에 대한 설명으로 틀린 것은?

① 고열물이나 수중, 해중 작업에서 사용한다.
② 체인의 신장은 신품 구입 시보다 5%가 늘어나면 사용이 불가능하다.
③ 매다는 체인의 종류에는 스터드 체인, 롱 링크 체인, 숏 링크 체인 등이 있다.
④ 롤러 체인을 고리 모양으로 연결할 때 링크의 총 수가 짝수라야 편리하며, 링크의 수가 짝수일 때 오프셋 링크를 사용하여 연결한다.

30 무게가 1,000kg인 물건을 로프 1개로 들어올린다고 가정할 때 안전계수는 얼마인가?(단, 로프의 파단 하중은 2,000kg이다)

① 0.5
② 2.0
③ 1.0
④ 4.0

31 와이어로프의 심강 종류가 아닌 것은?

① 섬유심
② 공심
③ 와이어심
④ 편심

32 체인에 대해 기술한 것으로 옳지 않은 것은?

① 체인에 균열이 있는 것은 교환해야 한다.
② 사용한도는 표준 길이보다 5% 늘어난 것이다.
③ 절손된 체인을 볼트로 끼워서 사용하면 안 된다.
④ 체인은 기름을 칠하고 사용해야 마찰 없이 일정한 속도비를 얻을 수 있다.

33 물체의 중량을 구하는 공식은?

① 비중 × 넓이
② 무게 × 부피
③ 넓이 × 부피
④ 비중 × 부피

34 와이어로프의 클립 고정법에서 클립 간격은 로프 지름의 약 몇 배 이상으로 장착하는가?

① 3
② 6
③ 9
④ 12

35 와이어로프 사용 중 (+) 킹크(kink)의 현상이 발생되었다면 이 로프의 절단하중은 몇 % 저하되는가?(단, 신품은 0을 기준으로 한다)

① 90~95
② 50~80
③ 20~40
④ 변함없다.

36 동일조건에서 2줄걸기 작업의 줄걸이 각도 α 중 로프에 장력이 제일 많이 걸리는 각도는?

① $\alpha = 30°$ 일 때
② $\alpha = 60°$ 일 때
③ $\alpha = 90°$ 일 때
④ $\alpha = 120°$ 일 때

37 힘의 3요소는?

① 힘의 크기, 힘의 무게, 힘의 단위
② 힘의 방향, 힘의 작용점, 힘의 크기
③ 힘의 크기, 힘의 방향, 힘의 강도
④ 힘의 무게, 힘의 거리, 힘의 작용점

38 줄걸이로 짐을 달아 올릴 때 주의사항으로 틀린 것은?

① 매다는 각도는 60° 이내로 한다.
② 짐을 전도시킬 때는 가급적 주위를 넓게 하여 실시한다.
③ 긴 환봉 등의 줄걸이 작업 방법으로 3줄걸이가 가장 적합하다.
④ 전도 작업 도중 중심이 달라질 때는 와이어로프 등이 미끄러지지 않도록 주의한다.

39 천장크레인 운전자가 한 손으로 눈을 가리는 수신호는 어떤 경우인가?

① 신호 불명
② 들어올리기
③ 감아올림
④ 미동신호

40 양정에 대한 의미로서 가장 알맞은 것은?

① 거더 하단에서 바닥까지의 거리
② 훅이 최대로 움직일 수 있는 거리
③ 축이 수직으로 움직일 수 있는 거리
④ 상한 리밋 스위치가 작동하는 지점에서 하한 리밋 스위치가 작동하는 지점까지의 거리

41 감전에 대한 설명으로 가장 거리가 먼 것은?

① 감전사고는 여름에 적다.
② 건조한 옷, 고무장갑 등을 착용하고 작업한다.
③ 50mA 이상의 전류가 인체에 흐르면 상당히 위험하다.
④ 감전의 피해 정도는 전류의 크기와 통전 시간에 따라 다르다.

42 크레인 안전작업을 위한 신호 시 주의사항이 아닌 것은?

① 운전자를 보기 쉽고 안전한 장소에서 실시한다.
② 신호수는 절도 있는 동작으로 간단명료하게 한다.
③ 운전자에 대한 신호는 반드시 정해진 한 사람의 신호수가 한다.
④ 신호수는 항상 운전자에게만 주시하고 줄걸이 작업자의 행동은 별로 중요시하지 않아도 된다.

43 천장크레인으로 짐을 운반하고자 한다. 줄걸이가 완료되었을 때 운전자의 권상작업을 가장 올바르게 설명한 것은?

① 훅은 짐의 중심위치에 정확히 맞추고 주행과 권상을 동시 작동한다.
② 줄걸이 와이어가 완전히 힘을 받아 팽팽해지면 일단 정지한다.
③ 권상작동은 흔들릴 위험이 없으므로 항상 최고 속도로 운전한다.
④ 훅이 짐의 중심위치에 정확히 맞으면 권상을 계속하여, 2m 이상 높이에서 멈춘다.

44 신호자의 신호에 의하지 않고 운전할 수 있는 경우는?

① 공장장이 허락한 경우
② 비상시 급정지
③ 신호자의 신호가 잘못되었다고 생각될 때
④ 작업사항이 잘못되었을 경우

45 다음 설명 중 틀린 것은?

① 천장크레인의 작업능력을 나타내는 데는 1회의 작업량, 즉 권상톤수로 표시한다.
② 천장크레인 완성검사 시 시험하중은 정격하중의 1.1배로 한다.
③ 천장크레인은 주행, 횡행, 권상의 3운동에 의해 모든 작업이 이루어진다.
④ 천장크레인의 주행 브레이크는 마그넷 브레이크를 사용하여 제동력을 높인다.

46 천장크레인 주행에 대해 기술한 것 중 부적합한 것은?

① 급격한 주행을 하지 말 것
② 운반물상에 사람을 태울 때는 요동이 없도록 잘 운전할 것
③ 목적지에 거의 왔을 때는 서서히 주행할 것
④ 주행과 동시 운반물을 권상, 권하하지 말 것

47 천장크레인 운전시작 전 고려해야 할 사항으로 가장 거리가 먼 것은?

① 작업내용과 작업순서에 대해 관계자와 충분히 협의하다.
② 기중기가 이동하는 영역 내에 장애물이 없는지 확인한다.
③ 방호장치의 이상 유무를 확인한다.
④ 안전은 모든 것에 우선하므로 품질 등에 대해서 고려할 필요가 없다.

48 크래브를 급정지할 경우의 영향으로 옳지 않은 것은?

① 운반물이 횡방향으로 흔들리며 로프에 나쁜 영향을 미친다.
② 충격을 받아 크레인에 무리가 간다.
③ 주행차륜에는 별로 영향을 미치지 않는다.
④ 크래브가 충격을 받는다.

49 다음 내용 중 괄호에 적당한 것은?

> 권상에 있어서 새로운 로프를 교환 후 (　　)을 걸지 말고 (　　) 정도로 수회 고르기 운전을 행한 후 사용한다.

① 하중, 1/2 속도
② 전하중, 1/2 하중
③ 하중, 규정속도
④ 전하중, 규정속도

50 트롤리 와이어에 감전재해 방지를 위해 통전 중임을 알리는 적색의 표시등을 설치해야 한다. 이때 통전표시등 설치장소로 가장 부적합한 곳은?

① 전동기 말단부
② 구간 스위치의 양쪽
③ 트롤리 와이어의 말단부
④ 트롤리 와이어에 전원이 인입되는 곳

51 해머 사용 시 안전에 주의해야 할 사항으로 틀린 것은?

① 해머 사용 전 주위를 살펴본다.
② 대형해머를 사용 시는 자기의 힘에 맞는 것으로 한다.
③ 해머를 사용하여 작업할 때는 처음부터 힘을 가한다.
④ 담금질한 것은 무리하게 두들기지 않는다.

52 다음 중 안전 관리상 옳지 못한 것은?

① 기름 묻은 걸레는 정해진 용기에 보관할 것
② 흡연은 정해진 장소에서 할 것
③ 쓰고 남은 기름은 하수구에 버릴 것
④ 연소하기 쉬운 물질은 특히 주의를 요할 것

53 산업재해를 예방하기 위한 재해예방 4원칙으로 적당하지 않은 것은?

① 대량생산의 원칙
② 예방가능의 원칙
③ 원인계기의 원칙
④ 대책선정의 원칙

54 작업장에서 지켜야 할 준수사항이 아닌 것은?

① 작업장에서는 급히 뛰지 말 것
② 불필요한 행동을 삼갈 것
③ 공구를 전달할 경우 시간 절약을 위해 가볍게 던질 것
④ 대기 중인 차량엔 고임목을 고여 둘 것

55 추락물의 위험이 있는 곳에 가장 적절한 보호구는?

① 안전장갑　　② 안전모
③ 보안경　　　④ 귀마개

56 복스 렌치를 오픈 엔드 렌치보다 많이 권장하여 사용하는 가장 적합한 이유는?

① 가볍다.
② 값이 싸다.
③ 다양한 크기의 볼트와 너트에 사용할 수 있다.
④ 볼트와 너트 주위를 완전히 싸게 되어 있어 사용 중에 미끄러지지 않는다.

57 전기기구를 취급하여 작업을 할 때 틀린 것은?

① 전원코드를 끼울 때 사용전압을 확인한다.
② 퓨즈가 끊어졌다고 함부로 손을 대어서는 안 된다.
③ 덮개를 씌우지 않은 이동 전등을 사용한다.
④ 신호, 점검사항을 확인하고 스위치를 넣는다.

58 동력전달장치의 부품 세척 시 가장 적당한 것은?

① 솔벤트, 석유, 경유
② 비누, 기관오일, 가솔린
③ 기어오일, 그리스, 소다
④ 브레이크오일, 기관오일, 경유

59 건설산업 현장에서 재해가 발생하는 주요 원인으로 거리가 먼 것은?

① 안전의식 부족
② 안전교육 부족
③ 공사 계약의 용이성
④ 작업 자체의 위험성

60 벨트를 풀리에 걸 때는 어떤 상태에서 거는 것이 좋은가?

① 고속 상태   ② 종속 상태
③ 저속 상태   ④ 정지 상태

01. 천장크레인에서 스팬(span)의 설명으로 맞는 것은?

　① 좌우 주행차륜 중심 간의 거리를 말한다.
　② 좌우 주행레일 중심 간의 거리를 말한다.
　③ 좌우 횡행차륜 중심 간의 거리를 말한다.
　④ 좌우 횡행레일 중심 간의 거리를 말한다.

02. 천장크레인의 설명으로 가장 적절한 것은?

　① 주행 및 횡행으로 선회하며 짐을 운반하는 장치이다.
　② 평행으로 짐을 운반하는 장치이다.
　③ 주행, 횡행, 권상의 3운동으로 짐을 운반하는 장치이다.
　④ 전동기를 사용하여 이동하는 장치이다.

03. 관련 기준상 천장크레인의 레일 스팬이 10m 이하일 때 폭의 오차는 얼마 이내여야 하는가?

　① ±2mm　　② ±3mm
　③ ±4mm　　④ ±5mm

04. 훅의 상태가 불량하면 위험한 사고의 원인이 된다. 다음 중 훅을 교환해야 할 상태를 육안으로 가장 간단하고 쉽게 확인할 수 있는 것은?

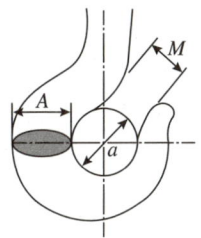

　① 그림에서 M의 치수가 a의 치수와 같아진 것
　② A 부분의 균열을 확인하기 위해 비파괴 검사한 것
　③ 그림에서 훅의 인장응력이 변화된 것
　④ 훅의 A의 치수가 원 치수의 20% 이상 마모인 것

05. 그림에서 로프 시브의 호칭지름은?

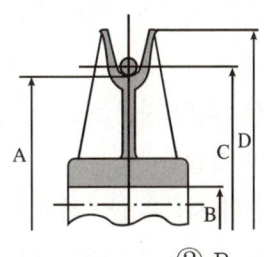

　① A　　② B
　③ C　　④ D

06 전자 브레이크의 충격 원인에 해당하지 않는 것은?

① 전압이 과다한 경우
② 핀 둘레가 마모된 경우
③ 잔류자기가 있는 경우
④ 대시포트의 조정이 불량한 경우

07 주행차륜의 지름이 400mm이고, 주행 모터의 회전수가 3,000rpm이며, 감속비가 1/100일 때, 주행속도는 대략 몇 m/min인가?

① 38 ② 68
③ 120 ④ 80

08 차륜에 대해 설명한 것 중 틀린 것은?

① 차륜의 재질은 주철, 주강, 특수주강이다.
② 천장크레인 차륜은 보통 양 플랜지의 것이 사용된다.
③ 차륜의 지름은 균일하며 답면 및 플랜지는 열처리가 되어 있다.
④ 차륜에는 종동륜만 있다.

09 천장크레인의 와이어 드럼의 크기는 어떻게 정하는 것이 좋은가?

① 드럼의 지름은 사용하는 와이어로프의 지름보다 20배 이상이 적절하다.
② 드럼의 지름은 사용할 와이어로프의 소선의 지름보다 300배 이상이 적절하다.
③ 드럼의 지름은 crab의 크기에 비례해서 정하는 것이 좋다.
④ 드럼의 지름은 hook의 크기에 비례해서 정하는 것이 좋다.

10 차륜 플랜지의 한쪽만 계속 레일과 접촉하여 마모되는 원인이 아닌 것은?

① 레일과 차륜의 직각도 불량
② 구동차륜과 종동차륜의 지름이 다름
③ 좌우 주행레일의 높이가 다름
④ 좌우 구동차륜의 지름 차가 큼

11 천장크레인의 브레이크 중 다른 셋과 용도가 다른 브레이크는?

① 디스크 브레이크(disk brake)
② 스러스트 브레이크(thrust brake)
③ 마그넷 브레이크(magnet brake)
④ EC 브레이크(eddy current brake)

12 천장크레인의 주행, 횡행, 권상 등에서 과행을 방지하고 연동장치 및 안전장치로 사용하는 것은?

① 타임 릴레이　② 컨트롤러
③ 리밋 스위치　④ 브레이크

13 전동기용 브레이크로서 전기로 구동하지 아니하고 유압으로만 작동하는 것은?

① 마그넷 브레이크
② 오일 디스크 브레이크
③ 스러스트 브레이크
④ 메커니컬 브레이크

14 드럼에 홈이 없는 경우 와이어로프가 감길 때의 플리트 각(fleet angle)은 몇 도 이내로 해야 하는가?

① 2　② 4
③ 6　④ 8

15 천장크레인 거더의 중량을 경감할 수 있으나 휨이 가장 큰 거더는?

① I빔 거더　② 강관 거더
③ 트러스 거더　④ 박스 거더

16 천장크레인의 규격 200/40t × span 60m에 대한 설명 중 틀린 것은?

① 200은 주권의 권상능력을 말한다.
② 40은 보권의 권상능력을 말한다.
③ 60은 스팬의 길이를 말한다.
④ 200과 40은 최대 및 최소 시험하중을 말한다.

17 다음은 권상장치의 권과 방지장치를 열거한 것이다. 다음 중 훅의 접촉으로 인하여 작동되는 비상 리밋 장치는?

① 스크루식　② 캠식
③ 중추식　④ 싱크로 디바이스

18 크레인에서 훅에 걸린 와이어로프가 이탈하지 못하도록 설치된 안전장치는?

① 훅 해지장치
② 권과 방지장치
③ 과부하 방지장치
④ 훅 고정장치

19 하중의 종류 중 동하중이 아닌 것은?

① 되풀이하중　② 교번하중
③ 사하중　④ 충격하중

20 크레인의 훅은 장시간 사용 시 반복응력으로 인한 표면 경화가 발생하는데 이를 방지하기 위한 열처리 방법은?

① 풀림 ② 오일담금질
③ 구상화처리 ④ 고용화처리

21 제어기에 인터로크를 설치하는 목적은?

① 전원을 공급하기 위해
② 전자접촉의 안전을 위해
③ 전기스파크를 발생시키기 위해
④ 전자접속 용량조정을 위해

22 궤도에 의해 이동하는 항타기 등이 폭풍 등에 의해 자주(自走)도괴되는 것을 방지하기 위해 주행레일을 강력한 힘으로 고정해서 풍압 등에 저항하도록 설치되어 있는 안전장치는?

① 훅 해지장치(hook latch)
② 레일 클램프장치(rail clamp)
③ 충돌 방지장치(anti collision)
④ 비상정지장치(emergency stop switch)

23 치차 또는 차륜 등과 같은 회전체를 축에 고정할 때 보통 사용하는 것은?

① 나사 ② 베어링
③ 클러치 ④ 키

24 컨트롤 패널(control panel)의 내부 부품이 아닌 것은?

① 전동기(motor)
② 단자대(terminal block)
③ 케이블 덕트(cable duct)
④ 스페이스 히터(space heater)

25 다음 설명 중에서 틀린 것은?

① 시브 플랜지의 마모 한도는 와이어로프 지름의 20%까지이다.
② 와이어로프를 드럼에 장치하는 방법은 와이어가 벗겨지지 않게 고정구를 사용하여 볼트로 조인다.
③ 드럼 지름(D)과 와이어로프 지름(d)의 양호한 비율(D/d)은 20 이상이다.
④ 드럼에 와이어로프가 감길 때 와이어로프 방향과 드럼 홈 방향의 각도는 2° 이내이다.

26 미터 보통나사의 나사산의 각도는?

① 60° ② 55°
③ 50° ④ 30°

27 입력 전압이 440V, 60Hz인 3상 유도전동기에서 극수가 4극, 회전자 속도가 1,760rpm일 때 이 전동기의 슬립률은 얼마인가?

① 2.2%　　② 4.3%
③ 13.2%　　④ 20.3%

28 2개의 축이 서로 90° 교차하고 있다. 어떤 기어를 연결해야 하는가?

① 스퍼 기어　　② 헬리컬 기어
③ 인터널 기어　　④ 베벨 기어

29 크레인 작업종료 시 주의사항으로 틀린 것은?

① 크레인은 작업을 종료한 위치에 정지시켜 둔다.
② 주 배선용 차단기는 내려놓는다.
③ 전용의 줄걸이 작업 용구를 사용하고 있는 경우는 소정의 위치에 내려놓는다.
④ 훅 블록은 작업자나 차량의 통행에 지장을 주지 않는 높이까지 권상시켜 둔다.

30 권선형 3상 유도전동기의 회전방향을 변화하는 방법으로 적합한 것은?

① 전압을 낮춘다.
② 1차 측 공급전원의 3선 중 2선을 바꾼다.
③ 1차 측 공급전원의 3선을 모두 바꾼다.
④ 저항기의 저항 값을 변화시킨다.

31 다음 중 전동기의 원리에 적용되는 법칙은?

① 플레밍의 오른손법칙
② 플레밍의 왼손법칙
③ 옴의 법칙
④ 렌츠의 법칙

32 천장크레인의 모터(motor) 부품 중에서 예비품으로 준비해 둘 필요성이 가장 큰 것은?

① 브러시(brush)와 홀더(holder)
② 회전자(rotor)
③ 고정자(stator)
④ 터미널(terminal) 단자

33 슬립 링의 표면에 거칠어짐이 생기는 원인과 가장 거리가 먼 것은?

① 브러시의 재질이 고르지 않을 때
② 링면과 곡률 불일치
③ 과다 진동
④ 빈번한 정격운전

34 양축의 중심선에 3~5° 편차가 있으며, 고속회전과 충격 등이 있는 곳에 가장 적당한 것은?

① 플랜지 커플링(flange coupling)
② 플렉시블 커플링(flexible coupling)
③ 기어 커플링(gear coupling)
④ 머프 커플링(muff coupling)

35 천장크레인에서 예비품을 갖추어 두어야 하는 부품이 아닌 것은?

① 일정한 사용시간이 지나면 마모하는 부품
② 고장이 일어나기 쉬운 부품
③ 입수가 번거로워 시간이 많이 걸리는 부품
④ 값이 비싸며 운반하기 어려운 부품

36 천장크레인의 제어반 구조로 틀린 것은?

① 내부 배선은 전용의 단자를 사용할 것
② 외함의 구조는 충전부가 노출되도록 오픈형일 것
③ 제어반에는 과전류 보호용 차단기 또는 퓨즈가 설치되어 있을 것
④ 제어반에는 제어반의 명칭, 전원의 정격이 표시된 명판을 각각 붙일 것

37 다음 설명 중 틀린 것은?

① 저항기는 사용 중 온도가 높아져서 약 350℃가 될 때가 있으므로 통풍을 잘 시켜야 된다.
② 리밋 스위치를 구조별로 구분하면 나사형, 레버형, 캠형으로 나눌 수 있다.
③ 리밋 스위치의 작용점이 최대부하 때와 무부하 때에는 약간씩 차이가 난다.
④ 천장크레인용 저항기는 용량이 크고 진동에 강한 리본형이 적합하다.

38 표준형 천장크레인의 집중 급유장치로 그리스를 급유할 수 없는 부분은?

① 훅 베어링
② 주행차륜 베어링
③ 횡행차륜 베어링
④ 드럼 베어링

39 운전자의 크레인 일일 점검사항이 아닌 것은?

① 컨트롤러의 작동상태 확인
② 각 제동기 및 리밋 스위치 확인
③ 제동기 라이닝의 마모상태 확인
④ 좌우레일의 높고 낮음의 차이를 정밀 측정하여 확인

40 다음 설명 중 틀린 것은?

① 차륜 도유기란 차륜의 플랜지 부분과 답면 사이에 기름을 칠하는 장치이다.
② 감소기어의 케이스 기어 급유법은 유욕식으로 케이스의 1/4 정도 오일을 채운다.
③ 집중 급유장치로 각종 베어링 또는 크레인의 모든 활차에 그리스를 보급한다.
④ 진동이 심하고 먼지가 많은 개방기어에는 그리스를 발라두는 것이 좋다.

41 부피가 같을 때 무거운 것부터 차례로 나열한 것은?

① 구리-납-점토-철
② 점토-납-구리-철
③ 철-구리-납-점토
④ 납-구리-철-점토

42 크레인에서 리밋 스위치의 전동에 쓰이는 일반적인 체인은?

① 롤러 체인   ② 롱 링크 체인
③ 숏 링크 체인 ④ 스터드 체인

43 와이어로프 랭 꼬임에 대한 설명으로 틀린 것은?

① 보통 꼬임보다 손상도가 적다.
② 보통 꼬임에 비해 킹크를 잘 일으키지 않는다.
③ 로프의 꼬임 방향과 스트랜드의 꼬임 방향이 같다.
④ 보통 꼬임보다 사용 수명이 같다.

44 같은 지름의 와이어로프 중 소선 수가 많아지면 와이어는 어떻게 되는가?

① 마모에 강해진다.
② 소선 수가 많아져도 관계없다.
③ 뻣뻣해진다.
④ 부드러워진다.

45 권상용 체인의 점검과 사용상 주의사항이 아닌 것은?

① 체인의 길이가 제조 시보다 5% 이상 늘어나면 교환한다.
② 주유는 경유와 휘발유를 도포하여 부식을 방지한다.
③ 운전 중 급격한 속도변화와 급제동은 피한다.
④ 짐을 매달 때는 섀클이나 아이 볼트 등을 이용한다.

46 줄걸이 작업 시 짐을 매달아 올릴 때 주의 사항으로 맞지 않는 것은?

① 매다는 각도는 60° 이내로 한다.
② 짐을 전도시킬 때는 가급적 주위를 넓게 하여 실시한다.
③ 큰 짐 위에 작은 짐을 얹어서 짐이 떨어지지 않도록 한다.
④ 전도 작업 도중 중심이 달라질 때는 와이어로프 등이 미끄러지지 않도록 주의한다.

47 마그네틱 크레인 신호에서 양손을 몸 앞에다 대고 꽉 끼는 신호는?

① 마그넷 붙이기　② 정지
③ 기다려라　　　④ 신호 불명

48 취급이 용이하고 킹크 발생이 적어 기계, 건설, 선박에 많이 사용하는 로프의 꼬임 모양은?

① 특수 꼬임　　② 보통 꼬임
③ 랭 S꼬임　　　④ 랭 Z꼬임

49 크레인 운전 신호 방법 중 거수경례 또는 양손을 머리 위에 교차시키는 것은 무엇을 뜻하는가?

① 수평 이동
② 기다려라
③ 크레인의 이상 발생
④ 작업 완료

50 와이어로프의 클립 고정법에서 클립 간격은 로프 지름의 약 몇 배 이상으로 장착하는가?

① 3　　　② 6
③ 9　　　④ 12

51 다음 중 재해 발생 원인이 아닌 것은?

① 작업장치의 회전반지름 내 출입금지
② 방호장치의 기능 제거
③ 작업 방법 미흡
④ 관리 감독 소홀

52 동력전달장치에서 안전수칙으로 잘못된 것은?

① 동력전달을 빨리하기 위해서 벨트를 회전하는 풀리에 걸어 작동시킨다.
② 회전하고 있는 벨트나 기어에 불필요한 점검을 하지 않는다.
③ 기어가 회전하고 있는 곳을 커버로 잘 덮어 위험을 방지한다.
④ 동력압축기나 절단기를 운전할 때 위험을 방지하기 위해서는 안전장치를 한다.

53 보호구의 구비조건으로 틀린 것은?

① 착용이 간편해야 한다.
② 작업에 방해가 되지 않아야 한다.
③ 구조와 끝마무리가 양호해야 한다.
④ 전기가 잘 통해야 한다.

54 인력으로 운반 작업을 할 때 틀린 것은?

① 긴 물건은 앞쪽을 위로 올린다.
② 드럼통과 LPG 봄베는 굴려서 운반한다.
③ 무리한 몸가짐으로 물건을 들지 않는다.
④ 공동운반에서는 서로 협조를 하여 작업한다.

55 작업자의 안전에 대한 책임 및 업무 내용이 아닌 것은?

① 안전 활동의 평가
② 안전작업의 이행
③ 작업 전후 안전점검 실시
④ 보고, 신호, 안전수칙 준수

56 차체에 드릴 작업 시 주의사항으로 틀린 것은?

① 작업 시 내부의 파이프는 관통시킨다.
② 작업 시 내부에 배선이 없는지 확인한다.
③ 작업 후에는 내부에서 드릴 날 끝으로 인해 손상된 부품이 없는지 확인한다.
④ 작업 후에는 반드시 녹의 발생을 방지하기 위해 드릴 구멍에 페인트칠을 해둔다.

57 산업재해는 직접 원인과 간접 원인으로 구분하는데, 다음 직접 원인 중에서 인적 불안전 행위가 아닌 것은?

① 작업 태도 불안전
② 위험한 장소의 출입
③ 기계의 결함
④ 작업자의 실수

58 안전표지의 종류 중 경고 표지가 아닌 것은?

① 인화성 물질
② 방사성 물질
③ 방독 마스크 착용
④ 산화성 물질

59 유류 화재의 소화제로 가장 적합하지 않은 것은?

① CO_2 소화기
② 물
③ 방화 커튼
④ 모래

60 아크 용접 작업상 안전수칙으로 바르지 못한 것은?

① 차광 유리는 아크 전류의 크기에 적합한 번호를 선택한다.
② 아연도금강판 용접 시 발생하는 가스는 무해하지 않으므로 환기할 필요가 없다.
③ 타기 쉬운 물건인 기름, 나무 조각, 도료, 헝겊 등은 작업장 주위에 놓지 않는다.
④ 용접기의 리드단자와 케이블의 접속은 반드시 절연체로 보호한다.

제6회 모의고사

01 원심력 스위치는 어느 경우에 사용하는가?
① 과속 방지
② 과권 방지
③ 과부하 방지
④ 과전압 방지

02 크레인 거더(girder)의 캠버에 관한 설명 중 틀린 것은?
① 거더는 동, 정, 상, 하 수평의 각 하중에 견디도록 리머 볼트로 견고하게 체결되어 있다.
② 크레인의 박스 거더는 캠버를 고려해야 한다.
③ 캠버는 거더의 중앙에서 최대치가 된다.
④ 캠버는 하중을 안전하게 들기 위함이며 크레인의 수명에는 관계없다.

03 천장크레인 운전 중 리밋 스위치의 역할은?
① 운전 중 비상경고등의 역할
② 권상장치 등 각 장치의 운전 중 급출발 및 급제동 장치의 역할
③ 주행 등 각 장치의 스피드 조절스위치 역할
④ 권상, 주행, 횡행 등 각 장치의 운동에 대한 과행을 방지하는 역할

04 다음 중 권상장치의 동력전달 순서로 맞는 것은?
① 전동기 → 기어 감속기 → 커플링 → 드럼 → 와이어로프 → 훅
② 전동기 → 커플링 → 드럼 → 기어 감속기 → 와이어로프 → 훅
③ 전동기 → 커플링 → 기어 감속기 → 드럼 → 와이어로프 → 훅
④ 전동기 → 기어 감속기 → 드럼 → 커플링 → 와이어로프 → 훅

05 다음 설명 중 틀린 것은?

① 브레이크 휠(brake wheel) 면의 요철이 2mm가 되면 평활하게 다듬어야 한다.
② 주행용 브레이크는 오일 디스크 브레이크 또는 스러스트 브레이크를 사용한다.
③ 권상장치의 브레이크는 오일 압상 브레이크를 사용하여 충격을 완화시킨다.
④ 횡행장치의 브레이크는 스러스트 브레이크를 사용한다.

06 산업안전보건법상 크레인 제품심사 시 적용하는 과부하 방지장치의 하중시험 값으로 적합한 것은?

① 정격하중의 100% 하중
② 정격하중의 110% 하중
③ 정격하중의 120% 하중
④ 정격하중의 125% 하중

07 권상작업 중 훅이 계속 권상되지 않을 때 우선 점검해야 할 곳으로 맞는 것은?

① 사이렌
② 권상 리밋 스위치
③ 주행 리밋 스위치
④ 횡행 리밋 스위치

08 크레인에서 사용하는 훅의 일반적인 재질은?

① 기계구조용 탄소강
② 리벳용 원형강
③ 용접 구조용 압연강
④ 폴리에틸렌 피복강관

09 정격하중에 대한 설명으로 맞는 것은?

① 훅의 무게를 제외한 순수 취급 하중
② 평상시 주로 사용하는 취급 하중
③ 훅의 무게를 포함한 취급 하중
④ 주권과 보권이 표시한 권상능력의 합

10 크레인 주행을 제동하기 위한 제동 토크 값은 전동기 정격 토크의 몇 % 이상이어야 하는가?

① 15　　② 30
③ 50　　④ 75

11 천장크레인에서 주행레일의 진직도는 전 주행길이에 걸쳐 최대 몇 mm 이내여야 하는가?

① 2　　② 5
③ 10　　④ 20

12 드럼에 감기는 로프와 드럼의 각도에 대해 설명한 것 중 틀린 것은?

① 홈이 있는 드럼에 와이어로프가 감길 때의 방향과 와이어로프의 방향의 각도는 4° 이내가 되어야 한다.
② 홈이 없는 드럼에 와이어로프가 감길 때는 각도는 2° 이내가 되어야 한다.
③ 와이어로프가 드럼에 감길 때 또는 역회전으로 감기는 경우에 급격히 꺾이거나 예리한 모서리에 마찰되지 않는 구조여야 한다.
④ 드럼에 와이어로프가 감길 때의 각도는 최대한 꺾이도록 높은 각도를 유지하는 것이 좋다.

13 전자 브레이크의 전자석 부분 과열 원인 중 틀린 것은?

① 철심이 완전히 흡착하지 않음
② 전원 전압의 강하
③ 권선의 부분 단락
④ 브레이크슈(shoe)의 마모

14 크레인 레일에 있어서 30kg 레일의 표준 길이(m)는?

① 15　② 20
③ 25　④ 30

15 크레인의 와이어 드럼 홈 부위의 사용 마모한도는 주철제 드럼의 경우 로프 지름의 몇 % 이내인가?

① 10　② 15
③ 18　④ 25

16 완충장치(buffer)의 종류로서 알맞지 않은 것은?

① 유압 buffer　② 고무 buffer
③ 강철 buffer　④ 스프링 buffer

17 크레인작업 근로자의 준수사항으로 틀린 것은?

① 인양할 하물을 바닥에서 끌어당기거나 밀어내는 작업을 하지 아니할 것
② 고정된 물체는 직접 분리·제거하여 작업의 흐름을 방해하지 않을 것
③ 미리 근로자의 출입을 통제하여 인양 중인 하물이 작업자의 머리 위로 통과하지 않도록 할 것
④ 인양할 하물이 보이지 아니하는 경우에는 어떠한 동작도 하지 아니할 것(신호하는 사람에 의하여 작업을 하는 경우는 제외)

18 차륜 플랜지의 한쪽이 계속 레일과 접촉되어 마모되는 원인으로 틀린 것은?

① 좌우 주행레일의 높이가 다를 때
② 좌우 구동차륜의 지름 차가 클 때
③ 레일과 차륜의 직각도가 불량할 때
④ 주행레일의 이음부(joint)의 어긋남이 클 때

19 천장크레인에 대한 설명 중 틀린 것은?

① 휠베이스(wheel base)는 스팬(span) 길이의 8배 이상이 되어야 좋다.
② 차륜은 구동륜과 종동륜으로 구분한다.
③ 주행레일 유지 보수 시 이물질이 있는지 확인하고 제거한다.
④ 새들(saddle) 양끝에는 주행 완충용 스토퍼를 설치하여 충격을 완화시켜 준다.

20 천장크레인의 3운동이 아닌 것은?

① 주행   ② 회전
③ 권상   ④ 횡행

21 천장크레인에서 동력전달 시 축의 편차가 있을 때 부적합한 커플링은?

① 유니버설 커플링
② 플렉시블 커플링
③ 플랜지 커플링
④ 그리드 커플링

22 나사(screw) 중 일반기계의 체결용으로 쓰이는 나사는?

① 사다리꼴 나사   ② 톱니 나사
③ 사각 나사   ④ 삼각 나사

23 전동기의 소손 원인 중 옳지 않은 것은?

① 과부하
② 절연 불량
③ 베어링 불량
④ 와이어로프 단선

24 일정시간을 두고 다음 동작으로 이행할 때에 사용하는 것은?

① 무전압 보호장치
② 타임 릴레이
③ 역상 보호 계전기
④ 전자 접촉기

25 감전 또는 감전 예방에 대한 설명으로 가장 거리가 먼 것은?

① 감전의 피해 정도는 전류의 크기와 통전 시간에 따라 다르다.
② 정전이나 점검수리 시 전원이 연결된 상태에서 수리한다.
③ 50mA 이상의 전류가 인체에 흐르면 상당히 위험하다.
④ 건조한 옷, 고무장갑 등을 착용하면 좋다.

26 메거테스터는 무엇을 측정하는 기기인가?

① 전기 전도도   ② 전력량
③ 전압   ④ 전기 절연저항

27 집전장치에서 아크 발생의 원인이 아닌 것은?

① 카본브러시 마모
② 접촉압력 부족
③ 부스바 굴곡
④ 전압 상승

28 잇수가 20인 작은 기어와 500rpm으로 회전할 때 이와 맞물린 큰 기어의 회전수를 100rpm으로 하려면 큰 기어의 잇수는 몇 개로 해야 하는가?

① 60   ② 100
③ 120   ④ 800

29 천장크레인의 전원공급은 트롤리선으로 한다. 다음 설명 중 틀린 것은?

① 주행용 트롤리선은 약 6m 간격마다 애자로 지지한다.
② 경동원형의 트롤리선은 약 10m 간격마다 애자로 지지한다.
③ 트롤리선의 재질은 포금, 카본, 철 등이 사용된다.
④ 트롤리선의 종류는 경동원형, 앵글, 레일, 홈붙이 트롤리선 등이 있다.

30 크래브를 급정지할 경우의 영향으로 옳지 않은 것은?

① 운반물의 횡방향으로 흔들리며 로프에 나쁜 영향을 미친다.
② 충격을 받아 크레인에 무리가 간다.
③ 주행차륜에는 별로 영향을 미치지 않는다.
④ 크래브가 충격을 받는다.

31 천장크레인에서 운전작업 시 유의사항으로 틀린 것은?

① 권상 시 매다는 용구가 팽팽해지면 일단 정지 후 신호에 따라 올리며 짐이 지면에서 떨어졌을 때 다시 정지하여 확인한다.
② 신호가 불확실하다고 생각되면 운전작업을 하지 않도록 한다.
③ 운전 중 정전이 되었을 때 퓨즈 교환을 하고, 제어기 전원을 작동하여 송전을 기다린다.
④ 줄걸이 상태가 불안하다고 판단되면 운전작업을 하지 않도록 한다.

32 축의 원주를 4~20개로 등분하여 키를 깎아 붙인 것과 같이 만들어 단독 키보다 훨씬 큰 힘을 전달할 수 있으며 내구력이 큰 키는?

① 성크 키   ② 접선 키
③ 스플라인   ④ 안장 키

33 회로의 전압을 측정하는 데 적합한 계기는?

① 전류테스터   ② 저항측정기
③ 메거테스터   ④ 멀티테스터

34 천장크레인으로 물건을 운반할 때 주의할 점으로 틀린 것은?

① 경우에 따라서 정격하중 무게보다 약간 초과할 수 있다.
② 적재물이 떨어지지 않도록 한다.
③ 로프의 안전 여부를 점검한다.
④ 운반 중 작업자의 위치에 주의한다.

35 권선을 수리할 때 잘못해서 계자의 회전방향을 반대로 결선하면 역전될 위험이 있다. 이 경우 회로를 자동으로 차단하는 장치는?

① 칼날형 개폐기
② 타임 릴레이
③ 역상 보호 계전기
④ 무전압 보호장치

36 교류 전자 브레이크(AC magnetic brake)는 제동 토크가 무여자 시 스프링과 가동 철심의 자체중량에 의해 발생하는 압력으로 브레이크 드럼을 가압하여 제동하는 방식이다. 라이닝 두께가 몇 % 감소되면 스트로크를 조정해야 하는가?

① 10~20   ② 20~30
③ 30~40   ④ 40~50

37 전동기 회전수를 구하는 계산식은?(단, N : 회전수, f : 주파수, P : 극수, s : 슬립)

① $N = 120\dfrac{f}{P}(1-s)$

② $N = 120\dfrac{P}{f}(1-s)$

③ $N = \dfrac{f}{120}P(1-s)$

④ $N = 120\dfrac{P}{(1-s)} \times f$

38 오일 교환 시 주의사항으로 적당치 않은 것은?

① 구름 베어링은 경유 또는 백등유로 청소 후 압축공기로 이물질을 제거한다.
② 구름 베어링 하우징의 엔진오일 충진양은 1/2~3/4 정도가 좋다.
③ 개방기어에는 경유로 잘 닦은 후 새 기름을 바른다.
④ 기어 박스인 경우 경유로 잘 닦은 후 건조시킨 후 새 기름을 주입한다.

39 베어링의 온도가 상승하는 원인과 관계없는 것은?

① 속도계수가 윤활제의 한계를 초과하고 있을 경우
② 베어링 기본하중에 비해 사용하중이 너무 큰 경우
③ 윤활제의 점성이 낮은 경우
④ 베어링의 조립 또는 베어링하우징 제작이 불량인 경우

40 하역작업을 시작하기 전에 점검해야 할 사항과 가장 거리가 먼 것은?

① 주행로상 및 크레인 주위에 장애물 유무 여부
② 급유 상태
③ 볼트, 너트 및 엔드 플레이트의 이완 여부
④ 차륜의 마모 및 진동, 소음 상태

41 그림에서 240t의 부하물을 들어 올리려 할 때 당기는 힘은 몇 t인가?(단, 마찰계수 및 각종 효율은 무시한다)

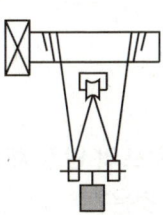

① 60   ② 80
③ 210 ④ 240

42 권상용 드럼에 와이어로프를 설치하는 방법 중 맞지 않는 것은?

① 안전계수가 5 이상인 와이어로프를 사용한다.
② 로프를 드럼에서 최대로 풀었을 때 최소 1가닥은 남아야 한다.
③ 와이어로프 끝은 시징(seizing)하여 풀리지 않도록 한다.
④ 로프가 벗겨지지 않게 누르고 볼트로 조인 것이 로프 클램프(rope clamp)이다.

43 와이어로프의 꼬임의 종류가 아닌 것은?

① 보통 Z꼬임   ② 보통 S꼬임
③ 보통 Y꼬임   ④ 랭 Z꼬임

44 와이어로프의 단말 체결 방법 중 가장 효율적인 것은?

① 심블(thimble)   ② 소켓(socket)
③ 웨지(wedge)   ④ 클립(clip)

45 매다는 체인에서 점검해야 할 사항이 아닌 것은?

① 마모   ② 변형
③ 균열   ④ 킹크

46 긴 환봉의 줄걸이 작업 방법으로 가장 바람직한 것은?

① 1줄걸이   ② 2줄걸이
③ 3줄걸이   ④ 4줄걸이

47 와이어로프의 규격의 규정된 한국산업표준은?

① KS D 3514   ② KS H 3514
③ KS W 3514   ④ KS K 3514

48 4.8t의 부하물을 4줄걸이로 하여 각도 60°로 매달았을 때 한쪽 줄에 걸리는 하중은 약 몇 t인가?

① 0.69   ② 1.23
③ 1.39   ④ 1.46

49 운전자가 경보기를 울리거나 한쪽 손의 주먹을 다른 손의 손바닥으로 2~3회 두드릴 경우의 수신호의 내용은?

① 신호 불명 ② 이상 발생
③ 기다려라 ④ 물건 걸기

50 와이어로프로 줄걸이 하는 방법에 관한 설명 중 옳지 않은 것은?

① 각진 예리한 물건을 이송할 때는 로프가 손상되지 않도록 다른 물질을 대어 로프를 보호한다.
② 둥근 물건은 2중 걸이를 하여 미끄러지지 않도록 한다.
③ 줄걸이 각도는 60° 이내로 하며 30~45° 이내로 하는 것이 좋다.
④ 주권과 보권을 동시에 사용해서는 안 된다.

51 안전을 위해 눈으로 보고 손으로 가리키고, 입으로 복창하여 귀로 듣고, 머리로 종합적인 판단을 하는 지적확인의 특성은?

① 의식을 강화한다.
② 지식수준을 높인다.
③ 안전태도를 형성한다.
④ 육체적 기능수준을 높인다.

52 산업안전의 의미를 설명한 것으로 틀린 것은?

① 외과적인 상처만을 말한다.
② 사고가 없는 상태를 뜻한다.
③ 위험이 없는 상태를 뜻한다.
④ 직업병이 발생되지 않는 것을 말한다.

53 소화 설비 선택 시 고려해야 할 사항이 아닌 것은?

① 작업의 성질 ② 작업자의 성격
③ 화재의 성질 ④ 작업자의 환경

54 운반 시 안전 수칙으로 틀린 것은?

① 운반차는 규정속도를 지킬 것
② 운반 시 시야를 가리지 않을 것
③ 승용석이 없는 운반차에는 승차하지 말 것
④ 긴 물건에는 중간에 표지를 단 후 운반할 것

55 기계설비에서 위험점 방호방법의 종류가 아닌 것은?

① 격리형 방호장치
② 덮개형 방호장치
③ 기능적 방호장치
④ 접근 거부형 방호장치

56 연소 조건에 대한 설명으로 틀린 것은?

① 발열량이 적은 것일수록 타기 쉽다.
② 산화되기 쉬운 것일수록 타기 쉽다.
③ 산소와의 접촉면이 클수록 타기 쉽다.
④ 열전도율이 적은 것일수록 타기 쉽다.

57 안전관리 측면에서 수공구로 인한 재해의 원인이 아닌 것은?

① 잘못된 공구 선택
② 공구의 수량 파악
③ 공구의 점검 소홀
④ 사용법의 미 숙지

58 낙하, 비래, 추락, 감전으로부터 근로자의 머리를 보호하기 위해 착용해야 할 안전모는?

① A형
② BC형
③ ABC형
④ ABE형

59 산업안전보전표지의 분류 명칭이 아닌 것은?

① 금지표지
② 경고표지
③ 통제표지
④ 안내표지

60 스패너를 사용하는 방법으로 옳은 것은?

① 스패너를 해머 대신 사용한다.
② 스패너의 규격이 너트 규격보다 큰 것을 사용한다.
③ 너트에 스패너를 올바르게 끼우고 앞으로 당기면서 사용한다.
④ 스패너의 자루에 파이프를 넣어 지렛대 역할을 하도록 하여 사용한다.

제7회 모의고사

01 크레인에 사용하는 과부하 방지장치의 안전점검 사항 중 틀린 것은?

① 과부하 방지장치가 동작할 때는 경보음이 작동되어야 한다.
② 유자격자 이외는 임의로 조정할 수 없도록 납봉인 등이 되어 있어야 한다.
③ 과부하 방지장치의 동작 시 일정한 시간이 지나면 자동 복귀되어야 한다.
④ 과부하 방지장치는 반드시 성능검정을 필한 것이어야 한다.

02 주행장치의 제동방식으로 가장 적합한 것은?

① 와류 브레이크 방식
② 다이나믹 브레이크 방식
③ 오일 디스크 브레이크 방식
④ 직류 전자 브레이크 방식

03 전자식 마그넷 브레이크(magnet brake)의 라이닝 두께 25% 감소한 경우 가장 적합한 조치 방법은?

① 라이닝을 교환한다.
② 스트로크를 조정한다.
③ 브레이크 드럼 지름을 크게 한다.
④ 특별한 조치를 하지 않아도 된다.

04 크레인의 과부하 방지장치용 시브 피치원 지름과 통과하는 와이어로프 지름의 비는 얼마 이상이어야 하는가?

① 2   ② 3
③ 4   ④ 5

05 크레인 제작기준, 안전기준 및 검사기준에 의하면 훅의 국부마모는 원래 규격 치수의 몇 % 이내여야 하는가?

① 5   ② 7
③ 10   ④ 20

06 천장크레인의 주행차륜은 좌우차륜의 지름 차가 생기면 교환해야 한다. 좌우차륜의 지름 차가 원 치수의 몇 % 이상이면 교환하는 것이 가장 적당한가?

① 구동차륜 0.2%, 종동차륜 0.5%
② 구동차륜 0.5%, 종동차륜 1%
③ 구동차륜 2%, 종동차륜 5%
④ 구동차륜 1%, 종동차륜 2%

07 폭풍 시 옥외에 설치된 크레인의 이탈 방지장치로서 사용되는 것은?
① 전자브레이크
② 유압식 완충장치
③ 주행 스토퍼(stopper)
④ 앵커(anchor)

08 브레이크 라이닝의 사용 한도는 원 두께의 약 몇 %일 때 새 라이닝으로 교체해야 하는가?
① 5 ② 15
③ 20 ④ 50

09 천장크레인에서 주행레일 연결부 틈새는 얼마인가?
① 3mm 이상 ② 3mm 이하
③ 5mm 이상 ④ 5mm 이하

10 천장크레인 차륜 지름의 마모 한도는 얼마인가?
① 원 치수의 2% ② 원 치수의 3%
③ 원 치수의 5% ④ 원 치수의 10%

11 드럼 홈의 지름은 와이어로프의 공칭지름보다 몇 % 크게 하는 것이 좋은가?
① 10 ② 20
③ 30 ④ 40

12 천장크레인의 표시 중 40/20t × 26m 용어의 해석이 맞는 것은?
① 주권 40t, 보권 20t, 스팬 26m
② 보권 40t, 주권 20t, 스팬 26m
③ 주권 20~40t, 스팬 26m
④ 주권 0.5t, 스팬 26m

13 크레인의 권상장치에서 드럼의 권과 방지장치를 설명한 것 중 틀린 것은?
① 권과 방지장치는 스크루식, 캠식, 중추식이 주로 사용된다.
② 중추식은 훅(hook)의 접촉에 의거 작동되어 진다.
③ 캠식은 도르래의 회전에 의거 작동된다.
④ 스크루식은 드럼의 회전에 의거 작동된다.

14 크레인 권상장치용 제한개폐기(limit switch)에 대한 설명으로 맞는 것은?

① 드럼의 회전수를 조정하는 장치이다.
② 전기적으로 되어 있으므로 고장이 없다.
③ 필히 주 전원을 연결하고 조정 작업을 해야 한다.
④ 드럼에 로프가 과권이 될 경우 전류를 차단하여 회전을 정지하는 장치이다.

15 스팬이 24m인 공장작업용 천장크레인 거더의 캠버는?

① 5mm   ② 10mm
③ 30mm ④ 50mm

16 리밋 스위치에 대한 설명 중 틀린 것은?

① 상용 리밋 스위치는 주로 중추식이 이용된다.
② 보통 권상장치에 사용한, 필요에 따라 주 횡행에도 설치 사용할 수 있다.
③ 비상용 리밋 스위치는 상용 리밋 스위치가 고장이 났을 때 작동하는 것이다.
④ 권하 시 리밋 스위치가 작동하는 지점은 드럼에 와이어로프가 약 3바퀴 정도 남아 있는 지점이다.

17 천장크레인에서 정격하중의 의미를 가장 잘 설명한 것은?

① 크레인이 들어 올릴 수 있는 최대 하중
② 크레인이 평상시 주로 많이 취급하는 하중
③ 달기기구의 무게를 제외한 안전작업 하중
④ 달기기구의 무게를 포함한 안전작업 하중

18 천장크레인의 주행레일 측면의 허용 마모 한도는 원 치수의 몇 % 이내여야 하는가?

① 5   ② 7
③ 10   ④ 15

19 훅에 걸리는 하중의 최대치로 제한치를 안전계수라 한다. 훅의 안전계수는 얼마 이상인가?

① 2   ② 3
③ 4   ④ 5

20 천장크레인에서 주행레일 또는 건물의 양끝에 강판으로 접합하여 케이스를 만들고 충돌 부위에는 나무나 단단한 고무를 설치하여 버퍼 스토퍼와 충돌 시 충격을 완화하는 것은?

① 휠 스토퍼(wheel stopper)
② 새들 스토퍼(saddle stopper)
③ 엔드 스토퍼(end stopper)
④ 롤러 스토퍼(roller stopper)

21 다음은 천장크레인에 사용하는 권선형 모터와 농형 모터의 특성을 설명한 것이다. 바르게 설명한 것은?

① 농형 모터(motor)는 2차 저항에 의해 스피드(speed)를 조정할 수 없다.
② 농형 모터에는 슬로 스타터(slow starter)가 필요 없다.
③ 권선형 모터는 슬로 스타터가 필요하다.
④ 권선형 모터에는 2차 권선이 있다.

22 도장 방법에 관한 주의사항 중 맞지 않는 것은?

① 녹을 충분히 제거한다.
② 피도장물이 충분히 건조되었을 경우 시행한다.
③ 도장을 하기 전에 기름기를 충분히 제거한다.
④ 부재의 끝부분 및 굴곡 부분은 1회 도장만 한다.

23 교류 권선형 유도전동기의 슬립(slip)은 보통 몇 %인가?

① 1~3　② 3~5
③ 5~8　④ 8~10

24 다음 중 기어의 소음 발생 원인이 아닌 것은?

① 백래시(backlash)가 너무 적을 경우
② 기어 축의 평행도가 나쁠 경우
③ 치면에 흠이 있거나 다듬질의 정도가 나쁠 경우
④ 오일을 과다하게 급유한 경우

25 크레인을 주행레일(work way)에서 탑승하고자 한다. 가장 적절한 방법은?

① 같은 크레인 운전원이므로 승차용 사다리를 이용, 필요시 임의 승차한다.
② 크레인의 주행방향으로 따라가다가 정지하면 곧 승차한다.
③ 운전 중인 운전원을 큰 소리로 불러 크레인을 정지시킨 후 탑승한다.
④ 승차용 버저를 사용하여 크레인이 정지한 후 신호를 보내주면 탑승한다.

26 스프링 재료의 구비조건이 아닌 것은?

① 내식성이 클 것
② 전연성이 풍부할 것
③ 크리프 한도가 높을 것
④ 탄성한계가 높을 것

27 천장크레인 유지 관리 시 도장에 관한 사항으로 가장 적합하지 않은 것은?

① 도장 면적의 약 10% 정도 녹 또는 부식이 되었을 때는 재도장을 실시해야 한다.
② 도장 도료의 색은 예전과 구분하기 위해 색깔을 바꾸어 도색해야 한다.
③ 녹이 있는 부분은 녹을 없앤 후 도장을 해야 한다.
④ 맑고 건조한 날씨를 택하여 하는 것이 좋다.

28 양축이 동일평면 내에 있고, 그 축선이 30° 이하의 각도로 교차하는 경우에 사용하는 축 이음으로서 훅 조인트라고도 하며, 양축 끝에 각각 요크(yoke)를 부착하고, 이것을 십자형의 핀으로 자유로이 회전할 수 있도록 연결한 축 이음은?

① 자재이음
② 플렉시블 커플링
③ 올덤 커플링
④ 고정축 이음

29 직류와 교류를 설명한 것으로 옳은 것은?

① 직류는 전압을 의미하고, 교류는 전류를 의미한다.
② 직류와 교류는 모두 전압이 시간에 따라 변화한다.
③ 직류는 전압이 시간에 따라 변화하고, 교류는 전압이 시간에 관계없이 일정하다.
④ 직류는 전압이 시간에 관계없이 일정하고, 교류는 전압이 시간에 따라 주기적으로 변화한다.

30 배전반 내에 설치된 직접적인 안전장치가 아닌 것은?

① 과전류 계전기 및 퓨즈
② 제어회로용 나이프 스위치 및 퓨즈
③ 단락 보호장치
④ 누름단추

31 운반물을 올리는 작업으로 옳지 않은 것은?

① 권상과 주행은 동시에 행하지 않는다.
② 혹은 운반물 중심선 상부에 위치하도록 한다.
③ 운반물이 지상으로부터 떨어짐과 동시에 적당 높이로 올리면서 주행한다.
④ 운반물이 지상으로부터 떨어지지 않은 상태에서 로프를 장력이 걸릴 때까지 감고 일단 정지한다.

32 운전자 안전수칙을 설명한 것 중 틀린 것은?

① 운반물이 흔들리거나 회전하는 상태로 운반해서는 안 된다.
② 운반물은 작업자 상부로 운반할 수 없으며 직각운전을 원칙으로 한다.
③ 운전석을 이석할 때는 크레인을 정지된 그 자리에 정지시킨 후 훅을 최대한 내려놓는다.
④ 옥외 크레인은 강풍이 불어올 경우 운전 및 옥외 점검정비를 제한한다.

33 천장크레인에 대한 설명으로 틀린 것은?

① 천장크레인의 보수에 있어서 권상장치는 예방보전으로 관리한다.
② 주행장치의 주행차륜은 연간점검으로 관리한다.
③ 점검은 일상점검, 주간점검, 월간점검, 연간점검으로 구분한다.
④ 천장크레인은 예방보전하는 것이 좋다.

34 저항기가 부적당하게 선정되었을 경우 다음 중 어느 것이 전동기에 영향을 미치는가?

① 발열이 생긴다.
② 과부하 계전기가 끊긴다.
③ 진동이 생긴다.
④ 단선이 된다.

35 천장크레인에서 가장 많이 사용하는 전압(V)은?

① 110   ② 120
③ 220   ④ 440

36 마그넷 크레인(magnet crane)에 있어서 최소 정전보증시간은?

① 10분 이상   ② 20분 이상
③ 40분 이상   ④ 50분 이상

37 전달할 수 있는 토크의 크기가 큰 것부터 순서대로 된 것은?

① 성크 키 – 스플라인 – 새들 키 – 평 키
② 평 키 – 새들 키 – 성크 키 – 스플라인
③ 새들 키 – 성크 키 – 스플라인 – 평 키
④ 스플라인 – 성크 키 – 평 키 – 새들 키

38 천장크레인의 전동기 보호를 위해 주로 사용하고 있는 계전기는?

① 과부하 계전기   ② 한시 계전기
③ 전력 계전기   ④ 주파수 계전기

39 M20 볼트의 설명으로 맞는 것은?

① 메트릭 나사이며 유효경이 20mm이다.
② 나사산 각도가 60°이며 볼트 바깥지름이 20mm이다.
③ 나사산 각도가 60°이며 볼트 유효지름이 20mm이다.
④ 메트릭 나사이며 나사산의 각도가 55°이다.

40 천장크레인의 주행장치를 감속시키는 데 사용되는 기계요소는?

① 기어   ② 키
③ 스프링 ④ 커플링

41 권상용 와이어로프는 달기구가 가장 아래쪽에 위치할 때 드럼에 몇 회 이상 감기는 여유가 있어야 하는가?

① 1   ② 2
③ 3   ④ 4

42 줄걸이 작업에 사용하는 섀클(shackle)의 사용 전 확인사항과 가장 거리가 먼 것은?

① 허용 인양 하중을 확인해야 한다.
② 섀클의 재질을 확인해야 한다.
③ 나사부 및 핀(pin)의 상태를 확인해야 한다.
④ 안전작업 하중(SWL)을 확인해야 한다.

43 줄걸이 작업자의 안전작업 방법을 설명한 것으로 거리가 먼 것은?

① 화물의 하중을 어림짐작하여 작업한다.
② 정격하중을 넘는 무게의 화물을 매달지 않는다.
③ 상례적으로 정해진 화물은 전문적인 줄걸이 용구를 만들어 작업한다.
④ 화물의 하중 판단에 자신이 없을 때는 숙련자에게 문의해서 작업한다.

44 가로 10m, 세로 1m, 높이 0.2m인 금속화물이 있다. 이것을 4줄걸이, 30°로 들어 올릴 때 한 개의 와이어에 걸리는 하중은 대략 몇 t인가?(단, 금속의 비중은 7.80이다)

① 3.9   ② 7.8
③ 4.0   ④ 15.6

45 그림과 같이 주먹을 머리에 대고 떼었다 붙였다 하며 호각을 짧게, 길게 부는 신호 방법은?

① 보권 사용   ② 주권 사용
③ 위로 올리기 ④ 작업 완료

46 크레인에서 그림과 같이 200t짜리 화물을 들어 올리려 할 때 당기는 힘은 몇 t인가? (단, 마찰저항이나 매다는 기구 자체의 무게는 없는 것으로 가정한다)

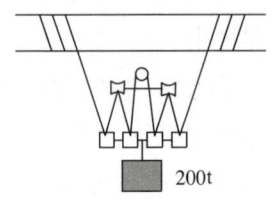

① 25　　② 28.6
③ 40　　④ 100

47 와이어로프의 관리 방법에 대한 설명 중 틀린 것은?

① 와이어로프의 외부는 항상 기름을 칠하여 둔다.
② 지면에 직접 닿지 않게 보관한다.
③ 비에 젖었을 때는 수분을 마른 걸레로 닦은 후 기름을 칠하여 둔다.
④ 와이어로프는 해가 잘 들고 통풍이 잘 되는 지붕이 없는 곳에 보관한다.

48 크레인 작업 시 정격하중 이상의 과부하가 걸려 위험한 상태일 때 와이어로프에 일어나는 현상으로 가장 적절한 것은?

① 부식된다.
② 기름이 배어 나온다.
③ 옆으로 꼬인다.
④ 킹크가 발생된다.

49 크레인에서 줄걸이 작업이 종료되었을 때의 올바른 방법이 아닌 것은?

① 운전자에게 반드시 종료신호를 한다.
② 훅은 2m 이상의 높이로 권상하여 둔다.
③ 보호구, 보조구는 각각 정해진 장소에 보관한다.
④ 줄걸이 용구는 다음에 즉시 사용할 수 있도록 훅에 걸어둔다.

50 '6×37'의 규격을 가진 와이어로프는 한 꼬임에서 최대 몇 가닥의 소선이 절단될 때까지 사용이 가능한가?

① 12　　② 22
③ 32　　④ 42

51 운반 작업 시 안전수칙으로 틀린 것은?

① 무리한 자세로 장시간 운반하지 않는다.
② 화물은 될 수 있는 대로 중심을 높게 한다.
③ 정격하중을 초과하여 권상하지 않도록 한다.
④ 무거운 물건을 이동할 때 호이스트 등을 활용한다.

52 다음 중 안전표지 분류에 해당되지 않는 것은?

① 위험표지 ② 금지표지
③ 경고표지 ④ 안내표지

53 안전 관리의 목적이 아닌 것은?

① 인명의 존중
② 생산성의 향상
③ 경제성의 향상
④ 안전사고의 수습

54 재해 발생 과정에서 하인리히 연쇄반응이론의 발생 순서를 옳게 나열한 것은?

① 사회적 환경과 선천적 결함 → 개인적 결함 → 불안전 행동 → 사고 → 재해
② 개인적 결함 → 사회적 환경과 선천적 결함 → 사고 → 불안전 행동 → 재해
③ 불안전 행동 → 사회적 환경과 선천적 결함 → 개인적 결함 → 사고 → 재해
④ 사회적 환경과 선천적 결함 → 개인적 결함 → 재해 → 불안전 행동 → 사고

55 화재의 분류에서 전기 화재에 해당하는 것은?

① A급 화재 ② B급 화재
③ C급 화재 ④ D급 화재

56 재해의 간접 원인이 아닌 것은?

① 기술적 원인 ② 교육적 원인
③ 신체적 원인 ④ 자본적 원인

57 추락물의 위험이 작업장에서 갖추어야 할 가장 적절한 보호구는?

① 안전모 ② 귀마개
③ 보안경 ④ 안전장갑

58 보안경의 유지 관리 방법으로 틀린 것은?

① 렌즈는 매일 깨끗이 닦아야 한다.
② 흠집이 생긴 보호구는 교환해야 한다.
③ 성능이 떨어진 헤드밴드는 교환해야 한다.
④ 교환렌즈는 안전상 뒷면으로 빠지도록 해야 한다.

59 수공구 취급 시 지켜야 할 안전수칙으로 옳은 것은?

① 해머작업 시 손에 장갑을 끼고 한다.
② 줄질 후 쇳가루는 입으로 불어 낸다.
③ 사용 전에 충분한 사용법을 숙지하고 익히도록 한다.
④ 큰 회전력이 필요한 경우 스패너에 파이프를 끼워서 사용한다.

60 작업장에서 옷차림에 대한 설명으로 틀린 것은?

① 작업복은 단정하게 착용한다.
② 작업복은 몸에 맞는 것을 입는다.
③ 수건은 허리춤에 끼거나 목에 감는다.
④ 기름이 묻은 작업복은 될 수 있는 한 입지 않는다.

제1회 정답 및 해설

▶ 모의고사 p.103

01	④	02	①	03	③	04	①	05	④	06	④	07	②	08	③	09	④	10	③
11	②	12	③	13	①	14	④	15	②	16	②	17	①	18	②	19	②	20	④
21	④	22	②	23	④	24	①	25	④	26	②	27	④	28	②	29	③	30	④
31	②	32	②	33	④	34	④	35	①	36	④	37	②	38	②	39	④	40	①
41	①	42	②	43	④	44	①	45	②	46	①	47	③	48	③	49	③	50	①
51	③	52	②	53	①	54	②	55	③	56	③	57	④	58	①	59	②	60	④

01 거더와 새들 부분에는 주유를 하지 않는다.

02 주행차륜의 지름 차
- 좌우 차륜의 지름 차는 0일 때 가장 양호하다.
- 주행차륜의 지름 차 허용한도는 원 지름의 구동륜 0.2%, 종동륜 0.5%까지이다.

03 ① DC 마그넷 브레이크 : 전자석으로 동작하는 제동기
② EC 브레이크(와류 브레이크) : 구조가 간단하고 마모부분이 없으며, 유지가 용이하고 정격속도 1/5의 안정된 저속도를 쉽게 얻을 수 있는 브레이크
④ 리밋 스위치 : 주행, 횡행 등 운동의 과행을 방지하기 위한 보호 장치

04 와류 브레이크
권상 작업 시 자극 전면에 놓인 금속제 원판이 회전하면 그 회전을 멈추고자 하는 방향으로 제동이 작용하는 성질을 응용한 브레이크이다.

05 압상기(스러스트) 브레이크는 전기를 투입하여 유압으로 작동하는 것으로 횡행 및 주행용 브레이크에 주로 사용한다.

06 크레인의 3대 주요 구동장치는 권상장치, 횡행장치, 주행장치로 권상장치는 크레인에서 물건을 인양하는 모터와 기계장치(전동기, 감속기, 브레이크 등)이다.

07 과부하 방지장치는 크레인 사용 시 정격하중 110% 이상의 하중이 부하될 때 자동으로 권상, 횡행 및 주행동작이 정지되면서 경보음을 발생하는 장치이다.

08 캠형 리밋 스위치는 드럼과 연동되어 회전을 하고, 원판 모양으로 주위에 배치된 볼록 및 오목 캠에 의해 스위치의 레버를 작동하는 구조이다.

09 양정
상·하한 리밋 사이를 움직일 수 있는, 즉 달기구를 유효하게 올리고 내리는 것이 가능한 상한과 하한의 수직거리이다.

10 레일 측면의 마모는 원래 규격 치수의 10% 이내일 것

11 차륜의 열전도율은 제작 시 확인사항이다.

12 브레이크 라이닝의 마모한도는 50%이므로 간격 조정 정도만으로 사용 가능하다.

13 유압식 디스크 브레이크의 공기빼기는 휠 실린더나 마스터 실린더에 있는 브리더 스크루로 한다.

14 권상장치용 제한 개폐기(limit switch)는 주행, 횡행 등 각 장치의 운동에 대한 과행을 방지하는 역할을 한다.

15 매다는 하중이 50t 이하일 때는 한쪽 현수 훅을 사용하고, 그 이상일 때 양쪽 현수 훅을 사용한다.

16 줄걸이용 시브의 지름은 와이어로프의 지름의 20배 이상이고, 균형 시브의 최소지름은 10배 이상이다.

17 마그넷 크레인은 자석을 이용한 것으로 철판 운반에 가장 적합하다.

18 권상용 및 지브의 기복용 와이어로프에 있어서 달기구 및 지브의 위치가 가장 아래쪽에 위치할 때 드럼에 2회 이상 감기는 여유가 있어야 한다.

19 **천장크레인의 3운동**
- 주행
- 횡행
- 권상(권하)

20 훅 본체는 균열 또는 변형 등이 없어야 하고, 국부마모는 원 치수의 5% 이내일 것

21 예비품목에는 브러시와 홀더, 제어기 접점, 브레이크 라이닝, 퓨즈, 램프(전구) 등이 있다.

22 $Z_2 = \dfrac{R_2 \times Z_1}{R_1} = \dfrac{1,000 \times 18}{500} = 36(개)$

23 ① 머프 커플링 : 주철제의 통속에 두 개의 축을 양쪽으로 삽입하고 키로 회전력을 전달하며, 저속회전일 때 주로 사용된다.
② 커플링 : 양축 끝에 주강제 또는 주철의 플랜지를 키로 축에 고정하고 볼트로 조인 것으로 축의 지름이 75mm인 것에 편리하며, 크레인의 주행장축, 횡행축 등에 사용된다.
③ 스플라인 이음 : 축과 보스의 원 둘레에 4~20개의 요철을 두고 토크를 전달함과 동시에 보스를 축방향으로 이동하고자 할 때 사용한다.

24 ② 안장 키 : 축에 홈을 가공하지 않고, 보스에 기울기 1/100의 키 홈을 만들어 때려 박는 키이다.
③ 평 키 : 축에 키의 너비만큼 평평하게 깎은 키이다.
④ 원뿔 키 : 축에 키 홈을 파기 어렵고, 축의 임의의 위치에 보스를 고정할 때 사용한다.

25 고착현상은 베어링에 오일공급 불충분, 불량오일 급유, 유막의 파괴 등이 원인이다.

26 저항기는 저항체의 종류에 따라 권선형, 그리드형, 리본형 등이 있다.

27 크레인은 운전 종료 후 지정된 장소 또는 출발 위치에서 정지하고, 메인 스위치를 off한다.

28 $N = 120\dfrac{f}{P}(1-s)$
(여기서, N : 회전수, f : 주파수, P : 극수, s : 슬립)
즉, $N = \dfrac{120 \times 60}{4}(1-0.04) = 1,728(\text{rpm})$
이다.

29 크레인의 권상장치는 예방보전이며, 주행 및 횡행장치는 사후보전이다.

30 가스를 제거하기 위해 오일 브리더가 필요하다.

31 제어기의 핸들 구조에는 외형에 따라 크랭크식과 레버식이 있으며 주행과 횡행, 주권과 보권 등 두 동작을 한 개의 핸들로 조작하는 것을 유니버설 컨트롤러라 한다.

32 3상 권선형 유도전동기에서 2차 저항기는 전동기의 2차 회로에 부착되어 저항량을 조정함으로써 속도를 변속하는 역할을 한다.

33 케이블 릴 방식은 집전장치의 전원공급방법에 사용된다.

34 각 스위치를 정지 위치에 두고 배전반의 스위치를 차단한다.

35 크레인의 일반적인 기동법은(권선형 모터) 2차 저항 기동법이 사용되고, 농형모터이면 Y-△ 기동법, 리액터 기동법, 소프트 스타터 기동법이 사용된다.

36 크레인을 주행레일(work way)에서 탑승하고자 할 때는 승차용 버저를 사용하여 크레인이 정지한 후 신호를 보내주면 탑승한다.

37 비상정지용 누름 버튼은 쉽게 찾을 수 있도록 적색으로 머리 부분이 돌출되어 있다.

38 전기회로의 측정계기
    • 전류테스터 : 전류량 측정
    • 저항측정기 : 저항값 측정
    • 메거테스터 : 절연저항 측정(절연저항의 단위 : $M\Omega$)
    • 멀티테스터 : 1개의 장치로 여러 종류(전류, 저항, 전압 등)를 측정하는 테스터

39 너트의 회전방향에 의한 법은 자동차 바퀴의 고정 나사처럼 반대 방향으로 너트를 조이면 풀림방지가 된다.

40 전력의 단위는 와트(W)이고, A는 전류, K는 절대 온도, J는 에너지인 일의 단위(줄)이다.

41 줄걸이 작업자는 화물의 중량, 중심, 화물의 매는 방법 등을 고려해야 한다.

42 줄걸이 각도의 조각도는 30°에서 1.035배, 45°는 1.070배, 60°는 1.155배, 90°는 1.414배, 120°는 2.000배로 각이 커질수록 한 줄에 걸리는 장력이 커진다.

43 **와이어로프의 심강**
    • 섬유심
    • 공심
    • 와이어심

44 4줄걸이 당기는 힘 = $\dfrac{240}{4}$ = 60(t)

45 **와이어로프 종류별 안전율**

와이어로프의 종류	안전율
• 권상용 와이어로프 • 지브의 기복용 와이어로프 • 횡행용 와이어로프 및 케이블 크레인의 주행용 와이어로프	5.0
• 지브의 지지용 와이어로프 • 보조 로프 및 고정용 와이어로프	4.0
• 케이블 크레인의 주 로프 및 레일로프	2.7
• 운전실 등 권상용 와이어로프	10.0

46 와이어로프 지름에 따른 클립 수

로프 지름(mm)	클립 수
16 이하	4개
16 초과 28 이하	5개
28 초과	6개 이상

적합   부적합   부적합

47 줄걸이용 와이어로프의 사용제한
- 한 꼬임에서 끊어진 소선의 수가 10% 이상 인 것
- 지름의 감소가 공칭지름의 7%를 초과하는 것
- 꼬이거나 심하게 변형(이음매가 있는 것) 또는 부식된 것

48 와이어로프의 플리트각(fleet angle)은 드럼에 홈이 없는 경우 2° 이내, 홈이 있는 경우 4° 이내이다.

49 롤러 체인은 전동용, 링크 체인은 운반용에 사용된다. 특히 롤러 체인은 천장크레인의 드럼과 리밋 스위치 간의 전동장치에 주로 사용된다.

50
- 정지 : 한 손을 들어 올려 주먹을 쥔다.
- 비상정지 : 양손을 들어 크게 2~3회 좌우로 흔든다.
- 작업 완료 : 거수경례를 한다.
- 위로 올리기 : 집게손가락을 위로해서 원을 그린다.

51 재해형태별 분류
- 넘어짐(사람) : 사람이 미끄러지거나 넘어짐
- 떨어짐 : 높이가 있는 곳에서 사람이 떨어짐
- 부딪힘 : 물체에 부딪힘
- 무너짐 : 건축물이나 쌓인 물체가 무너짐

52 전기기기의 누전, 낙뢰 등으로부터 감전되는 것을 방지하기 위한 설비는 접지 설비이다.

53 전류계는 부하에 따라 직렬로 접속해야 한다.

54 스패너나 렌치를 사용할 때는 항상 몸 쪽으로 당기면서 작업한다.

55 장비 밑에서 정비 작업을 할 때는 보안경을 착용한다.

56 담뱃불은 발화력이 높으며, 흡연 장소로 정해진 곳에서만 흡연을 한다.

57 2인 이상이 작업할 때 힘센 사람과 약한 사람과의 균형을 잡아야 한다.

58 공구 등에 기름이 묻어있으면 미끄러져 부상을 당할 수도 있다.

59 안전표지 분류 및 색상
- 빨간색 : 금지
- 노란색 : 경고
- 파란색 : 지시
- 녹색 : 안내

60 재해발생 비율은 '작업자의 불안전한 행동 > 불안전한 작업환경 > 성격적 결함 > 사회적 환경'의 순이다.

제2회 정답 및 해설

모의고사 p.113

01	②	02	③	03	③	04	②	05	③	06	③	07	④	08	④	09	③	10	③
11	③	12	③	13	④	14	①	15	②	16	②	17	①	18	①	19	④	20	①
21	④	22	③	23	②	24	③	25	①	26	③	27	①	28	③	29	③	30	③
31	④	32	③	33	②	34	①	35	①	36	④	37	②	38	④	39	②	40	④
41	④	42	③	43	②	44	③	45	③	46	③	47	③	48	③	49	①	50	③
51	②	52	③	53	④	54	②	55	③	56	③	57	③	58	③	59	②	60	④

01 와이어로프 종류별 안전율

와이어로프의 종류	안전율
• 권상용 와이어로프 • 지브의 기복용 와이어로프 • 횡행용 와이어로프 및 케이블 크레인의 주행용 와이어로프	5.0
• 지브의 지지용 와이어로프 • 보조 로프 및 고정용 와이어로프	4.0
• 케이블 크레인의 주 로프 및 레일로프	2.7
• 운전실 등 권상용 와이어로프	10.0

02
완충장치(buffer)는 고무, 유압, 스프링 등을 이용하고, 강철제는 없다.

03
주행용 브레이크는 오일 디스크 브레이크 또는 스러스트 브레이크를 사용한다.

04
• 권상장치 동력전달 순서 : 브레이크 장착 전동기 → 플렉시블 커플링 → 기어 감속기 → 드럼 → 와이어로프 → 훅 블록
• 횡행장치 동력전달 순서 : 브레이크 장착 전동기 → 커플링(기어 또는 체인식) → 기어 감속기 → 횡행 축(라인 샤프트) → 커플링(기어 또는 체인식) → 횡행차륜

05
중추식 리밋 스위치는 비상용으로서, 권상 시에 사용한다.

06
조종석이 부착된 크레인은 면허, 운전자격 및 충분한 기능이나 경력이 있어야 조종할 수 있지만, 지상 조작식 크레인은 자격 또는 면허, 경험이 없어도 운전이 가능하다.

07 차륜 플랜지의 한쪽만 계속 레일과 접촉하여 마모되는 원인
• 레일과 차륜의 직각도 불량하다.
• 좌우 주행레일의 높이가 다르다.
• 좌우 구동차륜의 지름 차가 크다.

08
담금질 크레인은 재료를 담금질하는 데 사용하는 것으로, 재료를 단시간 내에 냉각수 유조에 넣어야 하므로 내려가는 속도가 빠를수록 좋다.

09
A : 시브의 안지름
B : 축의 지름
C : 시브의 호칭지름
D : 시브의 바깥지름

10
브레이크슈가 마모되면 드럼과 라이닝 간극이 넓어져 제동 성능이 급격히 저하된다.

11 와류 브레이크는 자극 전면에 놓인 금속제 원판이 회전하면 그 회전을 멈추게 하려는 방향으로 제동이 작용하는 성질을 응용한 것으로, 이와 같은 브레이크를 전류가 소용돌이 모양으로 흐르기 때문에 와류 브레이크 또는 에디 커런트 브레이크(EC 브레이크)라 한다. 구조가 간단하고 안정된 저속도를 쉽게 얻을 수 있는 장점이 있다.

12 천장크레인의 좌우 주행레일 중심 간의 수평거리를 말하며, 천장크레인 전체의 올바른 주행을 위해 중요한 요소이다.

13 훅에 정격하중의 2배(200%)를 정하중으로 작동시켜 입구의 벌어짐(0.25% 이하)을 측정하게 된다.

14 와이어로프의 플리트각(fleet angle)은 드럼에 홈이 없는 경우 2° 이내, 홈이 있는 경우 4° 이내이다.

15 천장크레인의 과부하 방지장치 정격하중시험은 최초 완성(또는 성능)검사 시나 정기검사 시 정격하중의 최소 110%(1.1배)의 부하를 걸어서 시험하중을 검사한다.

16 리밋 스위치는 권과 및 과행 등을 방지하는 장치이다.

17 차륜 지름의 접촉면 마모는 원 치수의 3%가 사용한도이다.

18 주행레일
- 레일 연결부의 엇갈림은 상하, 좌우 0.5mm 이하이다.
- 연결부의 틈새는 천장크레인은 3mm, 기타 크레인은 5mm 이하일 것

19 다이내믹 브레이크는 직류전동기에 사용하는 속도제어용(권하 시) 브레이크로, 운동에너지를 전기에너지로 변환하고 이 전기에너지를 소모시켜 제어하므로 안정된 저속도를 얻는 브레이크이다.

20 크레인에서 정격하중에 상당하는 부하물을 달았을 때 제동용 브레이크에서의 제동력은 토크 최댓값의 1.5배 이상이어야 한다.

22 전기기기의 불꽃은 교류보다는 직류에서 더 많이 발생한다.

23 감전사고 발생 시 조치사항
- 감전자 구출 : 즉시 전원을 차단, 전원을 차단하기 어려운 경우 마른헝겊이나 플라스틱 등과 같은 절연성 물체를 이용하여 접촉물을 피해자로부터 이격
- 감전자 상태 확인 : 의식확인, 호흡확인, 맥박확인, 추락 시에는 출혈이나 골절유무를 확인, 의식불명이나 심장 정지 시에는 즉시 응급조치를 실시
- 응급조치 : 기도확보, 인공호흡, 심장마사지, 회복자세
- 감전자 구출 후 구급대에 지원을 요청하고, 주변 안전을 확보하여 2차 재해를 예방

24 기어의 분류
- 두 축이 평행한 경우에 사용하는 것 : 스퍼 기어(평 기어), 헬리컬 기어, 랙과 피니언, 인터널 기어
- 두 축이 교차하는 경우에 사용하는 것 : 베벨 기어
- 두 축이 평행도 교차도 않는 경우에 사용하는 것 : 웜 기어, 나사 기어, 하이포이드 기어

25 절대로 규정 무게보다 초과하여 적재하지 않는다.

26 플렉시블(휨) 커플링에는 잘 풀리지 않도록 리머 볼트(리머로 다듬질한 구멍에 박아 체결하는 볼트)를 사용한다.

28 역상 보호 계전기는 권선의 변환수리를 행하였을 때 잘못해서 계자의 회전방향을 반대로 결선하면 역전될 위험이 있으며, 이 경우 회로를 자동으로 차단하는 장치이다.

29 베어링에 윤활제를 넣으면 마찰이 줄어들고 금속음도 감소하게 된다.

30 보조 접점의 접촉 불량은 조정으로 가능하다.

31 컨트롤러 접촉자의 접속 상태를 눈으로만 확인해서는 안 되며, 시운전 등으로 직접 확인해야 한다.

32 **윤활유의 작용**
- 윤활작용
- 냉각작용
- 응력분산작용
- 밀봉작용
- 방청작용
- 청정분산작용

33 스플라인은 보스와 축의 둘레에 많은 키를 깎아 붙인 것과 같은 것으로, 일반적인 키보다 훨씬 큰 동력을 전달할 수 있고 내구력이 크다.

34 **단위**
V : 전압, A : 전류, Ω : 저항, W : 전력

35 순간풍속이 초당 30m를 초과하는 바람이 불어올 우려가 있는 경우 옥외에 설치되어 있는 주행 크레인에 대해 이탈 방지장치를 작동시키는 등 이탈 방지를 위한 조치를 해야 한다.

36 짐이 떨어질 경우 인명사고가 발생할 수 있으므로 사람 머리 위를 지나가지 않도록 해야 한다.

37 **유니버설조인트(universal joint, 자재이음)**
2개의 혹이 일직선상에 있지 않고 어떤 각도를 가진 두 축 사이에 동력을 전달할 때 사용하는 축 이음으로서, 경사각이 커지면 전달효율이 저하되므로 보통 15° 이내로 사용하는 축 이음이다. 종류에는 십자형 자재이음(혹 조인트), 플렉시블 이음, 볼 앤드 트리니언 자재이음, 등속도(CV) 자재이음 등이 있다.

39 전기에 의한 스파크는 스위치를 차단할 때 더 많이 생긴다.

40 스프링 재료는 전연성이 낮아야 한다.
전연성
금속 재료를 두드리거나 누르면 얇게 펴지는 성질을 전성이라 하고, 잡아당기면 가늘게 늘어나는 성질을 연성이라 하는데, 이 두 가지 성질을 합하여 전연성이라 한다.

41 도금 로프는 사용 환경상 부식이 우려되는 곳에서만 사용하면 된다.

42 로프에 작용하는 하중 = $\dfrac{짐의 무게}{로프의 수} \div 로프의 각(\sin)$ 이며, 0.866은 $\sin 60°$이므로 $\dfrac{2,000}{2} \div 0.866 = 1,155 (kg)$이다.

43 보통 꼬임은 킹크를 잘 일으키지 않는 반면 소선과 외부의 접촉 길이가 짧아 마모에 의한 영향이 커서 마모가 빠른 편이다.

44 **와이어로프의 점검항목**
- 소선 절단, 파단 상태 점검
- 지름 감소
- 킹크, 형상 변형
- 마모 및 부식 상태 점검
- 이음 부분, 단말 처리부 이상

45 시징은 와이어로프 지름의 3배이고, 클립 간격은 와이어로프 지름의 6배이다.

46 두 대의 기중기로 작업을 할 때 지휘자와 신호수는 반드시 한 사람이어야 한다.

47 안전하중 = $\dfrac{\text{절단하중}}{\text{안전계수}} = \dfrac{20}{7} ≒ 3$이므로

$\dfrac{40t}{2.85} ≒ 14$줄걸이가 된다.

48
- 신호 불명 : 한 손을 얼굴 앞에서 2~3회 흔듦
- 비상정지 : 양손을 머리 위쪽에서 2~3회 흔듦
- 작업 완료 : 거수경례

49 안전율(안전계수) = $\dfrac{\text{로프의 절단하중}}{\text{사용하중(최대하중)}}$

51 **이산화탄소 소화기**
이산화탄소 소화기는 이산화탄소(CO_2)를 높은 압력으로 압축·액화시켜 단단한 철제 용기에 넣은 것이다. 이 소화기는 B(유류) 또는 C(전기)급 화재에 쓸 수 있고, 물을 뿌리면 안 되는 화재에 사용하며 냉각효과와 질식효과가 크다.

52 쓰고 남은 기름은 하수구에 버리지 않고, 폐식용유 수거함이나 일반쓰레기로 처리해야 한다.

53 재료의 품질이 양호할 것

54 **방진 마스크**
분진이 많은 작업장, 즉 고체의 분진이나 퓸 또는 미스트, 안개와 같은 입자들의 흡입을 방지하기 위해 사용한다.

55 소화하기 힘들 정도로 큰 화재가 진행된 현장에서 가장 우선적으로 취하여 할 조치는 인명 구조이다.

56 해머로 작업의 처음과 마지막에는 힘을 많이 가하지 말아야 한다.

57 복스 렌치는 볼트 머리나 너트 주위를 완전히 감싸기 때문에 사용 중 미끄러질 위험성이 적다.

58 물이나 땀, 비 등은 전류를 잘 통하므로 감전의 위험이 높다.

60 경영관리는 작업자가 아닌 사업주 등과 관련된 사항이다.

제3회 정답 및 해설

> 모의고사 p.124

01	④	02	③	03	②	04	①	05	④	06	②	07	④	08	③	09	②	10	①
11	①	12	④	13	③	14	①	15	②	16	④	17	③	18	①	19	①	20	④
21	②	22	②	23	①	24	②	25	②	26	③	27	③	28	②	29	①	30	②
31	④	32	②	33	③	34	②	35	④	36	③	37	③	38	②	39	①	40	④
41	④	42	①	43	②	44	③	45	②	46	①	47	④	48	②	49	②	50	②
51	③	52	②	53	③	54	③	55	④	56	①	57	④	58	③	59	②	60	④

01 구동차륜과 종동차륜의 지름이 다르면 접촉 마모와는 관계없이 회전수의 차이가 발생한다.

02 ① DC 마그넷 브레이크 : 전자석으로 동작하는 제동기이다.
② EC 브레이크 : 구조가 간단하고 마모부분이 없으며, 유지가 용이하고 정격속도의 1/5의 안정된 저속도를 쉽게 얻을 수 있는 브레이크이다.
④ 리밋 스위치 : 권상, 주행, 횡행 등 운동의 과행을 방지하기 위한 보호장치이다.

04 천장크레인은 정격하중시험은 최초 완성(또는 성능)검사 시나 정기검사 시 정격하중의 최소 110%(1.1배)의 부하를 걸어서 시험한다.

05 ① 체인 : 구동력 전달 및 줄걸이 등에 이용한다.
② 로프 : 줄걸이 등에 이용한다.
③ 모터 : 전기를 이용하여 회전한다.

06 권상용 및 지브의 기복용 와이어로프에 있어서 달기구 및 지브의 위치가 가장 아래쪽에 위치할 때 드럼에 2회 이상 감기는 여유가 있어야 한다.

07 크레인 차륜 플랜지의 사용 가능한 최대 마모한도는 원래 치수의 50%까지이며, 경사는 수직위치에서 20°까지이다.

08 횡행차륜 정지용 스토퍼는 차륜 지름의 1/4 이상의 높이로 레일에 용접하여 설치하고, 주행레일의 스토퍼는 차륜지름의 1/2 이상 높이로 볼트로 고정하여 설치한다.

09 혹의 마모 깊이가 2mm가 되면 평활하게 다듬질해야 한다.

10 브레이크용 가동철심과 고정철심 사이가 커서 철심이 흡착되지 않으면 과전류로 인해 과열 및 소손된다.

11 휠베이스는 주행차륜의 중심 간 수평거리 또는 앞차축과 뒤차축 중심 간의 거리를 말하는 것으로 $\dfrac{스팬}{휠베이스} \leq 8$이 효과적이다. 즉, 크레인의 사행운전을 방지하기 위해서는 휠베이스가 스팬의 8배 이하여야 한다.

12 천장크레인은 주행레일 위에 설치된 새들에 직접 지지하는 거더가 있는 크레인을 말한다.

13 레일 측면의 마모는 원래 규격치수의 10% 이내이다.

14 와이어로프 윤활유는 로프에 잘 스며들도록 침투력이 있어야 한다.

15 줄걸이용 시브와 와이어로프의 지름의 비는 20배 이상이고, 균형 시브의 최소지름은 10배 이상이다.

16 천장크레인은 권상장치, 횡행장치, 주행장치로 구성된다.

17 주행속도 = $\pi \times$ 차륜의 지름(m) $\times$ 전동기 회전속도 $\times$ 감속비
$$= \frac{\pi \times 0.4 \times 1,152}{18.1}$$
$$\approx 80(m/min)$$

18 권과 방지장치인 리밋 스위치(제한개폐기)는 스크루형(나사형), 캠형, 중추형(레버식)이 있고, 상용(1차 안전장치)과 비상용(2차 안전장치)으로도 구분한다.

19 중추형 리밋 스위치는 훅의 접촉으로 인해 작동하는 비상용 리밋 스위치이며, 훅의 과상승 방지용으로 사용된다.

20 양정은 훅(hook)이 상·하한 리밋 사이를 움직일 수 있는 수직거리를 말한다.

21 사업주는 순간풍속이 초당 30m를 초과하는 바람이 불어올 우려가 있는 경우 옥외에 설치되어 있는 주행 크레인에 대해 이탈 방지장치를 작동시키는 등 이탈 방지를 위한 조치를 하여야 한다(산업안전보건기준에 관한 규칙 제140조).

23 1PS는 1초 동안 75kg의 물건을 1m 옮기는 데 드는 힘이다.
1PS = 75kg · m/s = 735W = 0.735kW

24 평와셔는 볼트를 조일 경우 볼트가 깨지거나 찌그러지는 파손의 위험을 줄이고, 스프링 와셔는 볼트가 풀릴 경우 탄성으로 볼트를 조이는 역할을 한다.

25 축은 축과 회전체가 같이 돌아가는 전동축, 고정된 상태에서 회전체만 돌아가는 차축이 있다.

26 노란색은 주의나 경고를, 녹색은 안내나 유도를 표시하는 색이다.

27 전기 스파크가 일어나면 우선 메인 스위치를 차단한 후 조치를 취한다. 즉, 전기회로를 off로 놓아야 한다.

28 사업주는 순간풍속이 초당 30m를 초과하는 바람이 불거나 중진(中震) 이상 진도의 지진이 있은 후에 옥외에 설치되어 있는 양중기를 사용하여 작업을 하는 경우에는 미리 기계 각 부위에 이상이 있는지를 점검하여야 한다(산업안전기준에 관한 규칙 제143조).

29 전동장치는 회전하는 두 축 사이에서 작동하며 마찰전동장치, 감기전동장치, 기어전동장치, 액체전동장치 등이 있다.

30 같은 극끼리 서로 반발하고, 다른 극끼리 서로 끌어당긴다.

31 레일의 점검은 연간점검에 해당하며, 일상점검은 장비의 고장 등을 사전에 발견하여 위험을 예방하고 수명연장을 위한 것이다.

32 와이어로프는 녹이 발생되기 쉬운 환경에서 사용하는 것 외에 시브 및 드럼과의 마찰이 많아 윤활이 중요하므로 이를 보완하기 위해 그리스를 사용한다.

33 $N = 120\dfrac{f}{P}(1-s)$ (여기서, N : 회전수, f : 주파수, P : 극수, s : 슬립)

즉, $N = \dfrac{120 \times 60}{4}(1-0.04) = 1,728(\text{rpm})$ 이다.

34 교류 권선형 유도전동기의 특징
- 고정자 및 회전자의 양쪽에 권선이 있으며, 이 회전자의 권선에 슬립 링을 통해서 외부 저항을 증감하면 부하를 걸었을 때의 속도를 가감할 수 있다.
- 2차 저항 제어 방식을 사용하여 가동 및 속도 제어를 행한다.
- 크레인 기동 시에 기계에 충격을 주지 않고 서서히 가속할 수 있다.

35 훅의 진동이 없어도 빨리 내리면 위험하므로 적당한 높이까지 내린 후 천천히 내린다.

36 2차 전압 $= \dfrac{320}{80} \times 25\text{V} = 4 \times 25\text{V} = 100\text{V}$

37 전자 접촉기의 개폐 동작 불량 원인
- 전압강하가 크다.
- 보조 접점과의 접촉이 불량하다.
- 접점의 마모가 크다.
- 코일이 끊어졌다.
- 인터로크가 파손되었다.
- 조작회로가 고장이다.

38 저항기가 부적당하게 선정되었거나 장시간 운전할 경우 저항기의 온도가 상승하고, 저항기의 허용온도가 350℃ 이상이면 점검·수리 또는 교환해야 한다.

39 성크 키(sunk key, 묻힘 키)는 밑변, 높이, 길이의 순서로 표시한다.

40 윤활제를 주유하면 베어링의 마찰열이 줄어들고, 온도가 낮아지게 된다.

41 KS D 3514 표준은 기계, 건설, 선박, 어업, 임업, 광업, 공중 케이블, 엘리베이터 등에 사용하는 일반용 와이어로프에 대해 규정한다.

KS 분류기호

분류기호	A	B	C	D	E	F
부문	기본	기계	전기	금속	광산	토건

42 섀클에 각인된 SWL은 'Safe Working Load'의 약어로 안전작업 하중을 뜻한다.

43 로프가 직접 지면에 닿지 않도록 침목 등으로 받쳐 30cm 이상의 틈을 유지하여 보관해야 한다.

44 화물의 밑에 깔려 있는 체인은 강제로 뽑아내지 말아야 한다.

45 로프의 작용장력 = $\dfrac{짐의\ 무게}{로프의\ 수} \div 로프의\ 각(\sin)$

이므로, $\dfrac{4.8}{4} \div \sin 60° = \dfrac{4.8}{4} \div 0.866 = 1.39\,(t)$

46 와이어로프 구성기호 '6×24'는 굵은 가닥(스트랜드)이 6줄이고, 작은 소선 가닥이 24줄이라는 뜻이다.

47 와이어로프 제조 시 로프 지름 허용오차는 0~+7%이며, 지름의 감소가 7% 이상이거나 10% 이상 절단되면 와이어로프를 교환한다.

48 줄걸이 각도는 60° 이내로 하며, 30~45° 이내로 하는 것이 좋다.

49 ① 신호 불명 : 운전자는 손바닥을 안으로 하여 얼굴 앞에서 2~3회 흔든다.
③ 천천히 이동 : 방향을 가리키는 손바닥 밑에 집게손가락을 위로해서 원을 그린다.
④ 크레인 이상 발생 : 경보기를 울리거나 한쪽 손의 주먹을 다른 손의 손바닥으로 2~3회 두드린다.

50 ① 눈걸이
② 짝감아걸이
④ 반걸이

51 유류 화재 시 물을 뿌리면 기름과 물은 섞이지 않는 성질 때문에 기름이 물을 타고 화재가 더 확산되어 위험하다.

52 벨트의 회전을 정지시키기 위해 손으로 잡는 것은 매우 위험하므로 절대 금해야 한다.

53 재해의 복합 발생 요인은 크게 심리적 요인(사람의 결함)과 물리적 요인(환경의 결함, 시설의 결함)으로 나눈다.

54 공장바닥은 폐유를 뿌리면 유류 화재가 일어날 위험성이 매우 높다.

55 하물이 흔들리거나 무너지는 것을 방지하기 위해 손으로 누르지 않는다. 하물을 지탱할 필요가 있을 때는 고리를 사용하거나 보조 로프를 사용한다.

56 스패너를 해머 대용으로 사용해서는 안 된다.

57 보안경은 유해광선이나 약물, 오물 등으로부터 눈을 보호하는 데 사용한다.

58

59 수공구의 성능 및 사용 방법을 숙지하고 허용 범위 내에서만 규격에 맞는 공구를 사용한다.

60 작업복은 주머니가 적고 팔이나 발이 노출되지 않는 것이 좋으며, 작업복을 털 때 압축공기를 잘못 사용하면 모래·쇳가루 등에 의해 피부의 손상 등이 발생할 수 있으므로 작업복을 벗어서 턴다.

제4회 정답 및 해설

▶ 모의고사 p.133

01	④	02	③	03	③	04	①	05	②	06	④	07	①	08	③	09	①	10	③
11	①	12	③	13	④	14	②	15	①	16	③	17	①	18	②	19	④	20	①
21	④	22	②	23	②	24	③	25	①	26	④	27	①	28	②	29	④	30	②
31	④	32	④	33	④	34	②	35	③	36	③	37	②	38	②	39	①	40	④
41	①	42	④	43	②	44	②	45	②	46	②	47	④	48	③	49	②	50	①
51	③	52	③	53	①	54	③	55	②	56	②	57	④	58	①	59	③	60	④

01 권선형 모터에는 2차 권선이 있고, 농형 유도전동기는 브러시를 사용하지 않는다.

02 랙의 직선운동은 피니언에 회전운동을 전달하고, 피니언의 회전운동은 랙에 직선운동을 전달한다.

03 거더의 종류
- 박스 거더 : 거더의 4면을 강판으로 접합하여 박스 모양으로 만든 것으로 내부를 밀폐할 수 있고 공간을 이용할 수 있어 부식에 강하며, 기기류를 설치하기 편리하여 큰 하중이나 비틀림 편심하중을 받는 데 유리한 거더
- 플레이트 거더 : 강판을 I형으로 접합한 거더
- 강관 구조 거더 : 플레이트나 형강 대신에 강관을 사용한 것으로 거더 자체의 중량을 경감할 수 있는 장점이 있지만 비틀림이 큰 거더
- 트러스 거더(래티스 거더) : 앵글, 채널 등을 격자형으로 짜서 접합부에 보강용 강판으로 체결한 거더
- I빔 거더 : I형 빔으로 구성된 거더

04 권과 방지장치인 리밋 스위치(제한 개폐기)는 스크루형(나사형), 캠형, 중추형(레버식)이 있고 상용(1차 안전장치)과 비상용(2차 안전장치)으로도 구분한다.

05 Crane 및 transfer car의 이동한계 또는 구동시점 등을 지정하여 신호를 출력하는 스위치 장치로 로프의 과권을 방지하기 위한 장치이다(권상, 주행, 횡행 등 각 장치의 운동에 대한 과행을 방지하는 역할).

06 키(key)는 축과 보스를 결합하는 기계요소로서 회전체를 축에 고정시켜 회전력을 전달한다.

07 와이어로프의 플리트 각(fleet angle)은 드럼에 홈이 없는 경우 2° 이내, 홈이 있는 경우 4° 이내이다.

08 휠베이스
주행차륜 좌우외측 중심 간의 수평거리로
$\dfrac{\text{스팬}}{\text{휠베이스}} \le 8$이 효과적이다.

09 와류 브레이크
자극 전면에 놓인 금속제 원판이 회전하면 그 회전을 멈추고자 하는 방향으로 제동이 작용하는 성질을 응용한 브레이크이다.

10 크롤러크레인은 건설 현장에서 사용되는 대형 기계로, 크롤러 트랙을 이용하여 이동할 수 있는 이동식 크레인이다.

11 $Z_2 = \dfrac{R_2 \times Z_1}{R_1} = \dfrac{1,000 \times 18}{450} = 40(개)$

12 절연물의 허용 최고 온도

종류	허용 최고 온도(℃)	종류	허용 최고 온도(℃)
Y종	90	A종	105
E종	120	B종	130
F종	155	H종	180
C종	180 초과		

14 메거테스터는 절연저항을 측정(절연저항의 단위 : $M\Omega$)하는 기기이다.

15 트롤리 동선의 좌우 고저 차는 기준면에서 ±2mm 이하를 유지해야 한다.

16 베어링의 온도 상승범위는 상온 20℃ 이하이며, 베어링 자체온도가 100℃까지는 사용가능하다.

17 스플라인은 축의 원주를 4~20개로 등분하여 키를 깎아 붙인 것과 같이 만들어 단독 키보다 훨씬 큰 힘을 전달할 수 있으며 내구력이 큰 키이다.

18 배전반 및 분전반 설치장소
- 안정된 노출장소
- 개폐기를 쉽게 조작할 수 있는 장소
- 전기회로를 쉽게 조작할 수 있는 장소
- 조작, 점검, 관리가 용이한 장소

19 헬리컬 기어(helical gear)
- 이의 변형과 진동 소음이 작고, 큰 동력의 전달과 고속 운전에 적합하다.
- 회전 시에 축압이 생기고, 스퍼 기어보다 가공이 힘들다.
- 한 쌍의 이의 맞물림이 떨어지기 전에 다른 한 쌍의 이의 맞물림이 시작되므로 이의 맞물림이 원활하다.

20 브레이크 라이닝의 마모한도는 50%까지이고, 림의 두께는 40%까지이다.

21 저압 전로의 절연성능

전로의 사용전압(V)	DC시험전압(V)	절연저항($M\Omega$)
SELV 및 PELV	250	0.5
FELV를 포함한 500V 이하	500	1.0
500V 초과	1,000	1.0

22 일상점검
- 브레이크의 작동 상태 및 컨트롤러의 작동 상태 확인
- 각 브레이크 및 리밋 스위치 동작 및 브레이크 라이닝의 마모 상태 확인
- 조작레버, 조작개폐기 작동 상태 및 조명, 전등, 전압, 전류계, 누전 상태 등 확인
- 각부의 급유·누유 상태, 와이어로프 이상 유무 등

23 플렉시블 커플링은 두 축의 중심선을 완전히 일치시키기 어려운 경우나 진동과 전달 토크의 변동이 심할 때 사용한다.

24 기어 이는 나선형이고 물림이 원활하며, 큰 하중과 고속전동에 주로 쓰이며, 소음이 적고 고속전동에 효과적이다.

25 중추식 리밋 스위치는 비상용으로 사용한다.

26 브러시와 홀더는 소모가 많이 되므로 예비부품으로 준비해 두어야 한다.

27 금속음이 날 경우 가장 유력한 원인은 윤활유가 없거나 부적당한 오일일 때이다.

28 구름 베어링

장점	• 접촉공간이 넓어 과열의 위험이 적고 기계를 소형화할 수 있음 • 베어링의 교환과 선택이 용이하며, 마멸이 적으므로 빗나감도 적음 • 윤활유가 적게 들고, 급유에 드는 수고가 적음 • 레이스와 전동체의 틈새가 작아 축의 중심을 정확하게 유지할 수 있음
단점	• 값이 비싸고, 충격하중에 약함 • 하우징이 크고, 설치와 조립이 어려움 • 소음 및 진동이 생기기 쉬움 • 전문 제작 공정이 필요하며, 부분 수리가 불가능하므로 베어링 전체를 교환해야 함

29 롤러 체인을 고리 모양으로 연결할 때 링크의 총 수가 짝수라야 편리하며, 링크의 수가 홀수일 때 오프셋 링크를 사용하여 연결한다.

30 안전계수 = $\dfrac{\text{절단하중}}{\text{안전하중}} = \dfrac{2,000}{1,000} = 2$

31 와이어로프의 심강은 섬유심, 공심, 와이어심이 있다.

32 체인은 미끄럼이 없이 일정한 속도비를 얻을 수 있고, 내유·내습성·내열성이 커야 하므로 기름칠을 하면 안 된다.

33 물체의 중량 = 비중 × 부피

34 시징은 로프 지름의 3배이고, 클립 간격은 로프 지름의 6배이다.

35 와이어로프가 킹크되면 절단하중이 (+) 킹크는 40% 감소하고, (−) 킹크는 60% 감소한다.

36 30°는 1.035배, 45°는 약 1.070배, 60°는 1.155배, 90°는 1.414배, 120°는 2.000배이다.

37 힘의 3요소
- 힘의 크기
- 힘의 방향
- 힘의 작용점

38 긴 환봉 등의 줄걸이 작업 시에는 2줄걸이를 활용한다.

39 신호 불명
운전자는 손바닥을 안으로 하여 얼굴 앞에서 2, 3회 흔든다.

40 양정이란 훅, 그래브, 버킷 등의 달기구를 유효하게 올리고 내리는 것이 가능한 상한과 하한의 수직거리를 말한다.

41 감전사고는 계절과 무관하며, 인체에 50mA 이상 전류가 흐르면 매우 위험하므로 건조한 옷이나 고무장갑 등을 착용하여 작업하는 것이 좋다.

42 신호수는 운전자를 포함한 크레인 작업 전반에 신경을 써야 한다.

43 권상 시 매다는 용구가 팽팽해지면 일단정지 후 신호에 따라 올리며, 짐이 지면에서 떨어졌을 때 다시 정지하여 확인한다.

44 신호수의 신호에 의해 운전해야 하지만, 비상시 급정지는 그렇지 않다.

45 주행용 브레이크는 오일 디스크 브레이크 또는 스러스트 브레이크를 사용한다.
※ DC 마그넷 브레이크는 권상기 및 산업기계에 쓰인다.

46 크레인 운반물에는 사람을 태우지 않아야 한다.

48 크래브를 급정지할 경우 주행·횡행차륜 및 크래브와 와이어로프 등 모든 곳이 영향을 받는다.

49 권상에 있어서 새로운 로프를 교환 후 전하중을 걸지 말고 1/2 하중 정도로 수회 고르기 운전을 행한 후 사용한다.

51 해머로 타격할 때에는 처음과 마지막에는 힘을 많이 가하지 않는다.

52 하수도, 하천 등에 폐유를 버리지 않는다.

53 재해예방 4원칙
- 예방가능의 원칙
- 원인계기의 원칙
- 대책선정의 원칙
- 손실우연의 원칙

54 공구를 던지는 경우 공구 파손과 안전상 위험을 초래한다.

55 보호구의 착용
- 안전모 : 물체가 떨어지거나 날아올 위험 또는 근로자가 감전되거나 추락할 위험이 있는 작업
- 안전대 : 높이 또는 깊이 2m 이상의 추락할 위험이 있는 장소에서의 작업
- 안전화 : 물체의 낙하·충격, 물체에의 끼임, 감전 또는 정전기의 대전(帶電)에 의한 위험이 있는 작업
- 보안경 : 물체가 날아 흩어질 위험이 있는 작업
- 보안면 : 용접 시 불꽃 또는 물체가 날아 흩어질 위험이 있는 작업
- 안전장갑 : 감전의 위험이 있는 작업
- 방열복 : 고열에 의한 화상 등의 위험이 있는 작업

56 복스 렌치
공구의 끝부분이 볼트나 너트를 완전히 감싸게 되어 있는 형태의 렌치로서, 6각 볼트나 너트를 조이고 풀 때 가장 적합한 공구이다.

57 작업등과 같은 이동 전등은 반드시 덮개를 씌워야 한다.

58 세척유는 주로 솔벤트를 사용하고, 없을 경우는 석유와 경유 순으로 활용되고 있다.

59 건설 산업현장에서 재해가 발생하는 주요 원인은 '안전의식 부족, 안전교육 부족, 작업 자체의 위험성, 작업량 과다, 작업자의 방심' 등이다.

60 벨트를 풀리에 걸 때 회전을 중지하고 걸어야 한다.

제 5 회 정답 및 해설

> 모의고사 p.143

01	②	02	③	03	②	04	①	05	③	06	③	07	①	08	④	09	①	10	②
11	④	12	①	13	②	14	①	15	②	16	④	17	①	18	①	19	③	20	①
21	②	22	③	23	④	24	①	25	④	26	①	27	①	28	④	29	①	30	②
31	①	32	①	33	①	34	②	35	④	36	②	37	④	38	①	39	④	40	③
41	②	42	①	43	②	44	④	45	②	46	①	47	①	48	①	49	①	50	②
51	①	52	①	53	④	54	②	55	①	56	①	57	③	58	③	59	②	60	②

01 천장크레인의 좌우 주행레일 중심 간의 수평거리를 말하며, 천장크레인 전체의 올바른 주행을 위해 중요한 요소이다.

02 천장크레인은 주행, 횡행, 권상의 3운동으로 짐을 운반하는 장치이다.

03 주행레일의 스팬 편차한계는 다음 각각의 범위 이내일 것
   - 스팬이 10m 이하 ΔS = ±3mm
   - 스팬이 10m 초과
     $\Delta S = \pm[3 + 0.25 \times (L-10)]$mm
     (단, 최대 15mm를 초과해서는 안 됨)
     여기서, ΔS : 스팬 편차한계(mm), L : 스팬(m)

04 M의 치수와 a 치수와 같아진 것은 측정에 의해 발견할 수 있다.

05 A : 시브의 안지름
   B : 축의 지름
   C : 시브의 호칭지름
   D : 시브의 바깥지름

06 전자 브레이크의 충격 원인
   - 전압이 과다한 경우
   - 핀 둘레가 마모된 경우
   - 드럼과 라이닝 간극 과다
   - 대시포트의 조정이 불량한 경우

07 주행속도 = $\pi \times$ 차륜의 지름(m) $\times$ 전동기 회전속도 $\times$ 감속비
   $= \dfrac{\pi \times 0.4 \times 3{,}000}{100}$
   ≒ 38(m/min)

08 차륜은 구동륜과 종동륜으로 구분한다.

09 드럼 지름(D)과 와이어로프 지름(d)의 비는 20 이상이 적절하다.

10 구동차륜과 종동차륜의 지름이 다르면 회전수의 차이가 생긴다.

11 브레이크는 제동용과 속도제어용으로 나눌 수 있는데 EC 브레이크는 천장크레인의 속도제어용 브레이크 중 구조가 간단하고 마모부분이 없으며 저속도를 쉽게 얻을 수 있다.

12 리밋 스위치는 천장크레인의 주행, 횡행, 권상 등에서 과행을 방지하고 연동장치 및 안전장치로 사용된다.

13 오일 디스크 브레이크
전동기용 브레이크로서 전기로 구동하지 아니하고 유압으로만 작동된다.

14 와이어로프의 감기
• 권상장치 등의 드럼에 홈이 있는 경우 플리트 각도는 4° 이내여야 한다.
• 권상장치 등의 드럼에 홈이 없는 경우 플리트 각도는 2° 이내여야 한다.

15 거더의 종류
• 강관 거더 : 플레이트나 형강 대신에 강관을 사용한 것으로 거더 자체의 중량을 경감할 수 있는 장점이 있지만 비틀림이 큰 거더
• I빔 거더 : I형 빔으로 구성된 거더
• 트러스 거더(래티스 거더) : 앵글, 채널 등을 격자형으로 짜서 접합부에 보강용 강판으로 체결한 거더
• 박스 거더 : 거더의 4면을 강판으로 접합하여 박스 모양으로 만든 것으로 내부를 밀폐할 수 있고 공간을 이용할 수 있어 부식에 강하며, 기기류를 설치하기 편리하여 큰 하중이나 비틀림 편심하중을 받는 데 유리한 거더
• 플레이트 거더 : 강판을 I형으로 접합한 거더

17 중추식 리밋 스위치는 훅의 상승에 의해 중추에 닿아 직접 작동되는 방식이다.

18 훅 해지장치
줄걸이 용구인 와이어로프 슬링 또는 체인, 섬유벨트 슬링 등을 훅에 걸고 작업 시 이탈하지 않도록 방지하는 장치이다.

19 하중이 걸리는 속도에 의한 분류
• 정하중 : 시간과 더불어 크기가 변화되지 않거나 변화하여도 무시할 수 있는 하중
• 동하중 : 하중의 크기가 시간과 더불어 변화하며 계속적으로 반복되는 반복하중과 하중의 크기와 방향이 바뀌는 교번하중과 순간적으로 작용하는 충격하중이 있다.

20 풀림은 기본적으로 연화를 목적으로 행하는 열처리로서 일반적으로 적당한 온도까지 가열한 다음 그 온도에서 유지한 후 서랭하는 조작을 말한다. 또한 내부응력의 제거, 절삭성 향상, 냉간가공성 향상 등을 통하여 기계적 성질을 개선한다.

22 • 충돌 방지장치 : 동일한 주행로 상에 2대 이상의 크레인을 설치하는 경우 크레인 상호 간 충돌을 방지하기 위한 장치
• 비상정지장치 : 화물을 권상시킬 때, 작업안전을 위해 급정지할 수 있도록 설치되어 있는 일종의 방호장치

23 키(key)는 축에 기어, 풀리, 커플링, 플라이 휠 등 회전체를 고정하고, 축과 회전체를 일체로 하여 회전을 전달하는 기계요소이다.

25 드럼에 와이어로프가 감길 때 와이어로프 방향과 드럼 홈 방향의 각도는 4° 이내, 드럼에 와이어로프가 감길 때의 플리트 각은 2° 이하로 한다.

27 동기속도$(N_s) = \dfrac{120f}{P}$ 이므로

$$\dfrac{120 \times 60}{4} = 1,800\,(\text{rpm})$$

$$\text{슬립률} = \dfrac{N_s - N}{N_s} \times 100$$

$$= \dfrac{1,800 - 1,760}{1,800} \times 100 = 2.2\,(\%)$$

28 두 축이 90°로 만나는 것을 직교 베벨 기어 또는 베벨 기어라고 한다.
 ※ 두 축이 평행할 때 스퍼 기어, 헬리컬 기어, 인터널 기어를 연결한다.

29 크레인을 소정위치에 정지하고, 각 제어기를 off를 하고 전원 S/W를 off한다.

30 3상 유도전동기의 회전방향을 바꾸는 가장 일반적이고 간편한 방법은 3상 전원 중 임의의 두 선을 서로 바꿔 접속하는 것이다. 그러면 상 순서가 바뀌면서 회전 자기장의 방향도 반대로 바뀌게 되는데, 이는 곧 전동기 회전방향이 반대로 바뀜을 의미한다.

31 • 플레밍의 왼손법칙 : 전동기의 원리
  • 플레밍의 오른손법칙 : 발전기의 원리

32 예비품목에는 브러시와 홀더, 제어기 접점, 브레이크 라이닝, 퓨즈, 램프(전구) 등이 있다.

33 빈번한 정격운전이 마모를 촉진시킬 수는 있으나 거칠어짐이 생기는 원인으로는 거리가 멀다.

34 • 플랜지 커플링 : 플랜지 사이를 볼트로 조인 것이며 축의 지름이 75mm 이상의 것에 편리하다.
  • 기어 커플링 : 전달 토크가 크며 부하변동에 대해 안전한 반면 치면의 윤활이 어려운 것이 단점이다.
  • 머프 커플링 : 축의 지름이 매우 적을 때 사용된다.

35 예비부품은 사용상 고장 발생률이 많고 마모가 잘 되는 부품의 정비시간을 효과적으로 단축하기 위해서 필요한 물건을 필요한 시기에 언제든지 사용가능한 상태로 준비해 두는 것이다.

36 외함의 구조는 충전부가 노출되지 아니하도록 폐쇄형으로 잠금장치가 있고 사용 장소에 적합한 구조일 것

37 천장크레인용 저항기는 용량이 크고 진동에 강한 그리드형이 적합하다.

38 훅(hook) 베어링에는 그리스 펌프나 주유기를 이용하여 수동으로 급유한다.

40 집중 급유장치는 수동 또는 전동으로 급유관 및 분배 변을 통하여 각각의 축 베어링에 일정량을 급유하는 방법이다.

41 비중
 • 납 : 11.34
 • 구리 : 8.93
 • 철 : 7.876
 • 점토 : 2.73

42 롤러 체인은 떨어진 두 축 사이의 전동에 활용되며 천장크레인에서는 주로 리밋 스위치의 전동에 많이 사용되고 있다.

43 **와이어로프의 꼬임 방법과 비교**

구분	보통 꼬임	랭 꼬임
꼬임 방향	소선의 꼬임과 스트랜드 꼬임의 방향이 반대이다.	소선의 꼬임과 스트랜드 꼬임의 방향이 같은 방향이다.
장점	• 킹크를 잘 일으키지 않으므로 취급이 쉽다. • 꼬임이 견고하기 때문에 모양이 잘 흐트러지지 않는다.	• 소선은 긴 거리에 걸쳐서 외부와 접촉을 하므로 로프 내마모성이 크다. • 유연하다.
단점	소선이 짧은 거리에 걸쳐 외부와 접촉하므로 집중적으로 단선을 일으키기 쉽다.	킹크를 일으키기 쉬우므로 취급에 주의가 필요하다.

45 주유는 그리스를 도포하여 부식을 방지한다.

46 큰 짐 위에 작은 짐을 얹어서 매달면 작은 짐은 떨어지기 쉬우므로 떨어지지 않도록 매어두는 것이 좋다.

47 마그네틱 크레인 작업 신호

운전 구분	마그넷 붙이기	마그넷 떼기
몸짓		
방향	양쪽 손을 몸 앞에 다 대고 꽉 낀다.	양손을 몸 앞에서 측면으로 벌린다(손바닥은 지면으로 향하도록 한다).

48 보통 꼬임은 외부와 접촉 면적이 작아서 마모는 크지만 킹크 발생이 적고 취급이 용이하여 기계, 건설, 선박에 많이 사용한다.

49

수평 이동	손바닥을 움직이고자하는 방향의 정면으로 하여 움직인다.
기다려라	오른손으로 왼손을 감싸 2, 3회 적게 흔든다.
크레인의 이상 발생	운전자는 사이렌을 울리거나 한쪽 손의 주먹을 다른 손의 손바닥으로 2, 3회 두드린다.

50 시징의 길이는 로프 지름의 2~3배이고 클립간격은 로프 지름의 6배이다.

51 작업장치의 회전반지름 내 출입금지는 예방대책이다.

52 벨트를 풀리에 걸 때 회전을 중지하지 않으면 위험하다.

53 보호구는 작업자의 몸에 잘 맞고 착용해서 작업하기 쉬워야 하며 전기 및 기타 위험요소에 대해 완전히 방호가 되어야 한다.

54 드럼통과 봄베 등을 굴려서 운반해서는 안 된다.

57 사고의 원인

직접 원인 (1차 원인)	불안전 상태 (물적 원인)	• 물자체의 결함, 안전방호장치 결함, 복장 보호구의 결함, 작업환경의 결함 • 생산공정의 결함, 경계표 시설비의 결함
	불안전 행동 (인적 원인)	• 위험장소 접근, 안전장치 기능 제거, 복장 보호구의 잘못 사용 • 기계기구의 잘못 사용, 운전 중인 기계 장치 손질, 불안전한 속도 조작 • 불안전한 상태 방치, 불안전한 자세 동작, 위험물 취급 부주의
	천재지변	불가항력
간접 원인	교육적 원인	개인적 결함(2차 원인)
	기술적 원인	
	관리적 원인	사회적 환경, 유전적 요인

58 방독 마스크 착용 - 지시표지

59 전기나 유류 화재에는 물을 사용하면 감전 위험과 오히려 불을 키우는 경우가 있다.

60 용접 열에 의해 발생하는 유해 가스가 원인으로 아연도금강판 용접 시에는 산화아연가스가, 탄산가스아크 용접(CO_2 용접) 시에는 탄산가스나 일산화탄소가, 이산화질소, 오존 및 불소가스가 발생하지만 양적으로 대부분 심각한 문제가 되지 않는다. 그러나 환기가 잘 되지 않거나 밀폐된 장소에서는 산소 결핍에 의한 두통과 호흡곤란 등의 증세가 나타날 수 있다.

제6회 정답 및 해설

> 모의고사 p.153

01	①	02	④	03	④	04	③	05	③	06	②	07	②	08	①	09	①	10	③
11	③	12	①	13	③	14	②	15	④	16	③	17	②	18	④	19	①	20	②
21	③	22	③	23	①	24	②	25	②	26	④	27	①	28	②	29	③	30	②
31	①	32	③	33	①	34	①	35	③	36	②	37	①	38	②	39	①	40	④
41	①	42	②	43	①	44	②	45	①	46	②	47	①	48	①	49	②	50	④
51	①	52	①	53	②	54	④	55	③	56	①	57	②	58	④	59	①	60	③

01 원심력 스위치는 과속 방지, 리밋 스위치는 과권 방지로 사용된다.

02 캠버는 해당 크레인의 부하하중을 고려하여 값을 정하는데 크래브를 장착한 무부하 상태에서 스팬의 1/800을 초과하지 않아야 한다.

04 권상장치의 동력전달 순서
브레이크 장착 전동기 → 플렉시블 커플링 → 기어 감속기 → 드럼 → 와이어로프 → 훅 블록

05 권상장치의 브레이크는 오일 압상 브레이크가 적당하지 않다.

06 과부하 방지장치는 크레인에 사용 시 정격하중의 110% 이상의 하중이 부하될 때 자동으로 권상, 횡행 및 주행동작이 정지되면서 경보음을 발생하는 장치이다.

08 훅의 재질은 탄소강 단강품이나 기계구조용 탄소강이며 강도와 연성이 큰 것이 바람직하다.

09 정격하중
크레인의 권상하중에서 훅, 그래브, 버킷 등의 달기구의 중량에 상당하는 하중을 뺀 하중을 말한다.

11 주행레일의 진직도는 전 주행길이에 걸쳐 최대 10mm 이내이고, 수평방향의 휨 양은 주행길이 2m마다 ±1mm 이내일 것

13 브레이크슈가 마모되면 드럼과 라이닝 간극이 넓어져 제동 성능이 급격히 저하된다.

14 온도 변화에 따른 신축성을 고려하여 30kg 레일의 경우 표준길이는 20m이다.
37kg, 50kg 레일은 25m의 표준길이를 정해 놓고 표준길이마다 10mm 내외의 유간간격을 두어 설계되어 있다.

15 드럼의 마모한도
- 용접제(홈 부분에 있어서) : 로프 지름의 20%까지
- 주철제(홈 부분에 있어서) : 로프 지름의 25%까지

16 버퍼 스토퍼는 유압, 고무, 스프링 등을 이용하여 충돌 시 충격을 완화하는 장치이다.

17 고정된 물체를 직접 분리·제거하는 작업을 하지 아니할 것

18 **차륜 플랜지의 한쪽만 계속 레일과 접촉하여 마모되는 원인**
- 레일과 차륜의 직각도 불량하다.
- 좌우 주행레일의 높이가 다르다.
- 좌우 구동차륜의 지름 차가 크다.

19 휠베이스(wheel base)는 스팬(span) 길이의 8배 이하가 되어야 좋다.

20 천장크레인은 주행, 횡행, 권상의 3운동으로 짐을 운반하는 장치이다.

21 플랜지 커플링은 양축 끝에 주강제 또는 주철의 플랜지를 키로 축에 고정하고 볼트로 조인 것으로 크레인의 주행장축, 횡행축 등에 사용된다.

22 삼각 나사는 제작이 용이하고 사각이나 사다리꼴 나사에 비해 나사면의 마찰이 커서 고정하는 데 적합하므로 결합용으로 가장 많이 쓰인다.

23 **전동기의 소손 원인**
- 전기적인 원인 : 과부하, 결상, 층간단락, 선간단락, 권선지락, 순간과전압의 유압
- 기계적인 원인 : 구속, 전동기의 회전자가 고정자에 닿는 경우, 축 베어링의 마모나 윤활유의 부족

24 • 무전압 보호장치 : 정전 또는 전압이 비정상적으로 저하될 때 작용한다.
- 역상 보호 계전기 : 권선의 변환 수리를 잘못해서 역전될 위험이 있을 때 사용한다.
- 전자 접촉기 : 전자석에 통전함으로써 가동철심을 흡인하여 그것에 운동하는 접점을 닫고 회로를 형성하는 것이며 누름 버튼 또는 제어기에 의한 제어전류에 의해 원방에서 조작할 수 있다.

25 정전이나 점검수리 시 반드시 전원을 차단한다.

26 메거테스터는 절연저항을 측정(절연저항의 단위 : MΩ)하는 기기이다.

28 $Z_2 = \dfrac{R_2 \times Z_1}{R_1} = \dfrac{500 \times 20}{100} = 100$(개)

30 **주행, 횡행의 동시 작동 중 크래브를 급정지할 경우의 영향**
- 로프에 영향을 준다.
- 크래브 자체에 영향을 준다.
- 주행레일에 영향을 준다.
- 횡행차륜과 주행차륜에 영향을 준다.

31 운전 중에 정전이 된 경우는 컨트롤 핸들을 정지 위치에 두고 전원 스위치를 끄고 대기한다.

32 • 성크 키 : 가장 널리 사용하는 것으로서 축과 보스의 양쪽에 홈을 내고 여기에 키를 양자에 고정시킨 것이다.
- 접선 키 : 키 중 전달하는 회전력이 제일 큰 키이다.
- 안장 키 : 축에는 홈을 가공치 않고 보스에만 홈을 가공하여 축의 표면과 보스의 홈에 모양이 일치하도록 가공하여 박은 키이다.

33 멀티테스터는 1개의 장치로 여러 종류(전류, 저항, 전압 등)를 측정하는 테스터이다.

34 규정 용량을 초과해서 운반하지 않는다.

35 역상 보호 계전기는 권선의 변환수리를 행하였을 때 잘못해서 계자의 회전방향을 반대로 결선하면 역전될 위험이 있으며, 이 경우 회로를 자동으로 차단하는 장치이다.

36 브레이크 라이닝 두께의 마모한도가 50%까지이므로 30% 감소되면 스트로크를 조정한 후 재사용한다.

38 구름 베어링 하우징의 엔진오일 충진 양은 1/2~1/3 정도가 좋다.

39 베어링의 온도 상승은 윤활유의 점도를 저하시킨다.

40 하역작업을 시작할 때나 교대할 때는 주행로의 장애물, 급유 상태, 운전실 및 기계실 등의 레버 위치 등에 이상이 없는지 확인해야 한다.
※ 차륜의 마모 및 진동, 소음 상태는 차륜의 정기검사 사항이다.

41 4줄걸이 당기는 힘 $= \dfrac{240}{4} = 60(t)$

42 로프를 드럼에서 최대로 풀었을 때, 드럼에는 2가닥 이상의 로프가 남아 있어야 한다.

43 소선의 꼬임과 스트랜드 꼬임 방향이 반대인 것은 보통 꼬임이라 하고, 소선의 꼬임과 스트랜드의 꼬임 방향이 같으면 랭 꼬임이라 한다. 각각 S꼬임과 Z꼬임이 있다.

44 소켓가공이라고도 하는 합금고정법은 양호하게 하면 이음효율을 100%로 할 수 있다.

46
- 1줄걸이 : 하물이 회전할 위험이 상존하며 회전에 의해 로프 꼬임이 풀려 약하게 될 수 있으므로 원칙적으로는 적용을 금지한다.
- 3줄걸이 : U자나 T자형의 형상일 때 적합하다.
- 4줄걸이(십자걸이) : 사다리꼴의 형상 등에 적합하다.

47 와이어로프(wire rope)의 소선은 KS D 3514에 규정된 탄소강에 특수 열처리를 하여 사용하며 인장강도는 $135\sim180\text{kg/mm}^2$이다.

48 4줄걸이를 하므로 $\dfrac{4.8t}{4줄} = 1.2$이다.

60°의 각도에서는 한 줄에 걸리는 하중은 1.16배이므로 $1.2 \times 1.16 = 1.392t$

※ 한쪽 로프에 걸리는 하중은 $(W/2)/\cos(각도/2)$

49 **수신호**

신호 불명	운전자는 손바닥을 안으로 하여 얼굴 앞에서 2, 3회 흔든다.
기다려라	오른손으로 왼손을 감싸 2, 3회 적게 흔든다.
물건 걸기	양쪽 손을 몸 앞에 다 대고 두 손을 깍지 낀다.

50 권상과 주행은 동시에 행하지 않는다.

51 지적확인을 함으로써 인간의 의식수준이 뚜렷한 상태로 전환이 되면서 집중력이 높아지게 된다. 따라서 지적확인은 인간실수에 따르는 사고 방지에 매우 유효한 기법이다.

52 산업안전은 근로자가 생산활동을 하는 산업현장에서의 안전, 즉 위험이나 잠재적 위험성이 없는 상태와 생산현장의 재료, 설비 또는 제품상 손상이 없는 상태를 말한다.

54 긴 물건에는 끝에 표지를 단 후 운반할 것

55 방호장치
- 격리형 방호장치 : 위험한 작업점과 작업자 사이에 서로 접근되어 일어날 수 있는 재해를 방지하기 위해 차단벽이나 망을 설치하여 물리적으로 차단하는 장치
- 포집형(덮개형) 방호장치 : 위험원에 대한 방호장치로 연삭숫돌의 파괴가 되어 비산될 때 회전방향으로 튀어나오는 비산물질을 포집하거나 막는 장치
- 위치 제한형 방호장치 : 위험을 초래할 가능성이 있는 기계에서 작업자나 직접 그 기계와 관련되어 있는 조작자의 신체부위가 위험한계 밖에 있도록 의도적으로 기계의 조작장치를 기계에서 일정 거리 이상 떨어지게 설치해놓고 조작하는 두 손 중에서 어느 하나 떨어져도 기계의 동작을 멈추게 하는 장치
- 접근 거부형 방호장치 : 작업자의 신체 부위가 위험한계 내로 접근하면 기계동작 위치에 설치해 놓은 기계 장치가 접근하는 손이나 팔 등의 신체 부위를 안전한 위치로 밀거나 당기는 안전장치

56 발열량이 큰 것일수록 타기 쉽다.

57 수공구에 의한 재해는 사용 공구의 잘못된 선택, 점검의 소홀, 사용법의 미 숙지 등에서 발생하고 있다.

58 안전모의 종류

종류(기호)	사용 구분
A	물체의 낙하 및 비래에 의한 위험을 방지 또는 경감하기 위한 것
AB	물체의 낙하 또는 비래 및 추락에 의한 위험을 방지 또는 경감하기 위한 것
AE	물체의 낙하 및 비래에 의한 위험을 방지 또는 경감하고, 머리 부위 감전에 의한 위험을 방지하기 위한 것
ABE	물체의 낙하 또는 비래 및 추락에 의한 위험을 방지 또는 경감하고, 머리 부위 감전에 의한 위험을 방지하기 위한 것

59 산업안전보건법상 안전보건표지의 종류
- 금지표지
- 경고표지
- 지시표지
- 안내표지

60 스패너 사용법
- 스패너의 입이 너트 폭과 잘 맞는 것을 사용하고 입이 변형한 것은 사용하지 않는다.
- 스패너를 너트에 단단히 끼워서 앞으로 당기면서 사용한다.
- 스패너를 2개로 잇거나 자루에 파이프를 이어서 사용해서는 안 된다.

제7회 정답 및 해설

> 모의고사 p.163

01	③	02	③	03	②	04	④	05	①	06	①	07	④	08	④	09	②	10	②
11	①	12	①	13	③	14	④	15	③	16	①	17	③	18	③	19	④	20	③
21	④	22	④	23	②	24	④	25	②	26	②	27	④	28	①	29	②	30	④
31	③	32	②	33	②	34	①	35	④	36	①	37	④	38	①	39	④	40	①
41	②	42	②	43	②	44	③	45	②	46	①	47	④	48	①	49	④	50	②
51	②	52	①	53	②	54	①	55	③	56	④	57	①	58	④	59	③	60	③

01 과부하방지장치의 동작 시 그 원인 해소되지 않은 상태에서 단순히 시간이 지남에 따라 자동 복귀하는 일이 없어야 한다.

02 주행용 브레이크는 오일 디스크 브레이크 또는 스러스트 브레이크를 사용한다.

03 브레이크 라이닝 두께의 마모한도가 50%까지이므로 25% 감소한 경우 스트로크를 조정한 후 재사용한다.

04 권상장치 등의 이퀄라이저 시브 피치원 지름과 해당 이퀄라이저 시브(sheave)를 통과하는 와이어로프 지름과의 비는 10 이상으로 하고, 과부하 방지장치용의 시브 피치원 지름과 해당 시브를 통과하는 와이어로프 지름과의 비는 5 이상으로 할 수 있다.

05 훅 본체는 균열 또는 변형 등이 없어야 하고, 국부마모는 원 치수의 5% 이내이다.

06 주행차륜의 지름 차 허용한도는 원 지름의 구동륜 0.2%, 종동륜 0.5%까지이다.

08 천장크레인의 주행기계장치 브레이크 라이닝의 마모한도는 원 치수 두께의 50%이고, 림의 두께는 40%까지이다.

09 천장크레인에서 주행레일 연결부 틈새는 3mm 이하(단, 옥외 크레인은 5mm 이하)

10 **차륜지름의 접촉면 마모** : 지름의 3%까지

11 드럼 홈의 지름은 와이어로프 공칭지름보다 10% 크며 드럼 지름과 로프 지름의 비는 $D/d=20$ 이다.

12 주권이 40t, 보권이 20t, 스팬이 26m의 뜻이다.

13 캠식은 와이어로프 드럼과 연동하여 원판 모양의 캠이 회전하면 볼록 및 오목한 캠에 의해 스위치 레버를 작동하는 구조이다.

15 $24,000mm \times 1/800 = 30mm$

16 중추식 리밋 스위치는 비상용으로 사용한다.

17 정격하중
크레인의 권상하중에서 훅, 그래브, 버킷 등의 달기구의 중량에 상당하는 하중을 뺀 하중을 말한다.

18 레일의 두부와 측면의 마모는 원 치수의 10% 이내이다.

19 훅의 안전계수는 5 이상이다.

22 원칙적으로 방청용은 2회, 완성도장은 1회로 모두 3회로 실시한다.

23 교류 권선형 유도전동기의 슬립(slip)은 3~5%이다.

24 급유 부족 및 부적당한 오일 사용 시 기어의 소음 발생 원인이 된다.

25 크레인을 주행레일(work way)에서 탑승하고자 할 때는 승차용 버저를 사용하여 크레인이 정지한 후 신호를 보내주면 탑승한다.

26 스프링용 재료의 구비조건
- 탄성한도와 내력이 클 것
- 사용 중 영구변형을 일으키지 않을 것
- 하중과 변형의 관계 특성이 양호할 것
- 충격 및 피로에 대한 저항이 클 것

27 도료는 가능한 한 전과 동일한 것을 사용한다.

28 유니버설조인트(universal joint, 자재이음)
2개의 훅이 일직선상에 있지 않고 어떤 각도를 가진 두 축 사이에 동력을 전달할 때 사용하는 축 이음으로서, 경사각이 커지면 전달효율이 저하되므로 보통 15° 이내로 사용하는 축 이음이다. 종류에는 십자형 자재이음(훅 조인트), 플렉시블 이음, 볼 앤드 트리니언 자재이음, 등속도(CV) 자재이음 등이 있다.

29 직류와 교류의 차이점
- 직류 : 전압이나 전류가 시간의 변화에 관계없이 크기와 방향이 일정한 크기를 가진다.
- 교류 : 전압이나 전류가 시간의 변화에 따라 크기와 방향이 주기적으로 변하는 모양이 사인파의 형상을 갖는다.

30 누름단추 스위치와 표시등은 계기판 외부에 설치되어 있다.

31 권상 시 매다는 용구가 팽팽해지면 일단 정지 후 신호에 따라 올리며 운반물이 지면에서 떨어졌을 때 다시 정지하여 확인한다.

32 훅 블록을 최고 위치까지 올려 로프가 드럼 홈에 감겨 있어야 하며 크레인은 소정(승하차할 수 있는)의 위치에 있어야 한다.

34 전압강하가 심할 경우 전동기가 발열하는 원인이 된다.

35 천장크레인에 주로 사용하는 전압은 440V이다.

40 주행장치를 감속시키는 데 사용되는 기계요소는 기어로, 천장크레인에서는 스퍼 기어가 가장 많이 사용된다.

41 권상용 및 지브의 기복용 와이어로프에 있어서 달기기구 및 지브의 위치가 가장 아래쪽에 위치할 때 드럼에 2회 이상 감기는 여유가 있어야 한다.

42 섀클 자체는 사용 중 파괴되는 일은 거의 없으나 핀의 파괴 또는 핀의 탈락에 의한 재해는 간혹 있다.

43 짐의 모양과 크기, 재료 등을 고려하여 정확한 눈짐작으로 과도한 하중으로 인해 크레인 등에 손상을 주거나 이외의 사고를 유발하는 일이 없도록 주의해야 한다.

44 가로 10m × 세로 1m × 높이 0.2m = 2m³이고, 비중이 7.8이므로 2m³ × 7.8 = 15.6t이며, 4줄걸이를 하므로 $\frac{15.6t}{4줄}$ = 3.9이다. 여기서 30°의 각도에서는 한 줄에 걸리는 하중은 1.035배이므로 3.9 × 1.035 = 4.04t

45 신호 방법

보권 사용	팔꿈치에 손바닥을 떼었다 붙였다 한다.
위로 올리기	집게손가락을 위로 해서 수평 원을 크게 그린다.
작업 완료	거수경례 또는 양손을 머리 위에 교차시킨다.

46 8줄걸이 당기는 힘 = $\frac{200}{8}$ = 25(t)

47 직사광선이나 열, 해풍 등을 피할 것

49 줄걸이 용구는 반드시 정해진 장소에 보관한다.

50 크레인 와이어로프 교체 기준은 지름의 감소가 공칭지름의 7%를 초과하는 것이므로
(6 × 37) × 7% = 15가닥
37 − 15 = 22가닥

51 가능한 매다는 물체의 중심을 낮게 할 것

52 산업안전보건법상 안전보건표지의 종류
- 금지표지
- 경고표지
- 지시표지
- 안내표지

53 안전관리의 목적
- 인명의 존중
- 생산성 향상
- 경제성 향상
- 사회복지 증진

55 화재의 분류
- A급 화재 : 일반 화재
- B급 화재 : 유류 화재
- C급 화재 : 전기 화재
- D급 화재 : 금속 화재

56 사고의 원인

직접 원인 (1차 원인)	불안전 상태 (물적 원인)	• 물자체의 결함, 안전방호장치 결함, 복장 보호구의 결함, 작업환경의 결함 • 생산공정의 결함, 경계표 시설비의 결함
	불안전 행동 (인적 원인)	• 위험장소 접근, 안전장치 기능 제거, 복장 보호구의 잘못 사용 • 기계기구의 잘못 사용, 운전 중인 기계 장치 손질, 불안전한 속도 조작 • 불안전한 상태 방치, 불안전한 자세 동작, 위험물 취급 부주의
	천재지변	불가항력
간접 원인	교육적 원인	개인적 결함(2차 원인)
	기술적 원인	
	관리적 원인	사회적 환경, 유전적 요인

57
- 귀마개 : 과도한 소음 발생 작업장의 보호구
- 보안경 : 유해광선이 있는 작업장의 보호구
- 안전장갑 : 감전의 위험이 많은 작업현장에서 보호구

58 교환렌즈는 전면을 빠지도록 해야 한다.

59 ① 해머작업 시 손에 장갑을 끼지 않고 한다.
② 칩 제거 시는 브러시나 긁기봉을 사용한다.
④ 스패너에 파이프를 끼워서 사용하면 안 된다.

60 수건은 기계에 말려 들어갈 수 있으므로 착용하지 않는다.

우리 인생의 가장 큰 영광은 결코 넘어지지 않는 데 있는 것이 아니라
넘어질 때마다 일어서는 데 있다.

– 넬슨 만델라 –

좋은 책을 만드는 길, 독자님과 함께하겠습니다.

답만 외우는 천장크레인운전기능사 필기 CBT기출문제 + 모의고사 14회

초 판 발 행	2026년 01월 05일 (인쇄 2025년 06월 20일)
발 행 인	박영일
책 임 편 집	이해욱
편 저	최진호
편 집 진 행	윤진영 · 김경숙
표지디자인	권은경 · 길전홍선
편집디자인	정경일 · 이현진
발 행 처	(주)시대고시기획
출 판 등 록	제10-1521호
주 소	서울시 마포구 큰우물로 75 [도화동 538 성지 B/D] 9F
전 화	1600-3600
팩 스	02-701-8823
홈 페 이 지	www.sdedu.co.kr
I S B N	979-11-383-9483-3(13550)
정 가	18,000원

※ 저자와의 협의에 의해 인지를 생략합니다.
※ 이 책은 저작권법의 보호를 받는 저작물이므로 동영상 제작 및 무단전재와 배포를 금합니다.
※ 잘못된 책은 구입하신 서점에서 바꾸어 드립니다.

시대에듀가 준비한 자동차 관련 시리즈

더 이상의 자동차 관련 취업수험서는 없다!

교통 / 건설기계 / 운전자격 시리즈

건설기계운전기능사

도서명	판형 / 가격
지게차운전기능사 필기 가장 빠른 합격	별판 / 14,000원
유튜브 무료 특강이 있는 Win-Q 지게차운전기능사 필기	별판 / 14,000원
답만 외우는 지게차운전기능사 필기 CBT기출문제+모의고사 14회	4×6배판 / 14,000원
답만 외우는 굴착기운전기능사 필기 CBT기출문제+모의고사 14회	4×6배판 / 14,000원
답만 외우는 기중기운전기능사 필기 CBT기출문제+모의고사 14회	4×6배판 / 14,000원
답만 외우는 로더운전기능사 필기 CBT기출문제+모의고사 14회	4×6배판 / 14,000원
답만 외우는 롤러운전기능사 필기 CBT기출문제+모의고사 14회	4×6배판 / 14,000원
답만 외우는 천공기운전기능사 필기 CBT기출문제+모의고사 14회	4×6배판 / 15,000원

도로자격 / 교통안전관리자

도서명	판형 / 가격
Final 총정리 기능강사 · 기능검정원 기출예상문제	8절 / 21,000원
버스운전자격시험 문제지	8절 / 13,000원
5일 완성 화물운송종사자격	8절 / 13,000원
답만 외우는 화물운송종사자격 필기 CBT기출문제+모의고사 14회	4×6배판 / 15,000원
도로교통사고감정사 한권으로 끝내기	4×6배판 / 37,000원
도로교통안전관리자 한권으로 끝내기	4×6배판 / 36,000원
철도교통안전관리자 한권으로 끝내기	4×6배판 / 35,000원

운전면허

도서명	판형 / 가격
답만 외우면 무조건 합격 운전면허 3일 합격! 1종·2종 공통(8절)	8절 / 12,000원
답만 외우면 무조건 합격 운전면허 3일 합격! 1종·2종 공통	별판 / 12,000원

※ 도서의 구성 및 가격은 변경될 수 있습니다.

60점만 맞으면 합격!

'답'만 외우고 한 번에 합격하는

2026 답만 외우는 SERIES

답만 외우는 지게차운전기능사
190×260 | 14,000원

답만 외우는 로더운전기능사
190×260 | 14,000원

답만 외우는 롤러운전기능사
190×260 | 14,000원

답만 외우는 굴착기운전기능사
190×260 | 14,000원

답만 외우는 기중기운전기능사
190×260 | 14,000원

답만 외우는 천공기운전기능사
190×260 | 15,000원

답만 외우는 천장크레인운전기능사
190×260 | 18,000원

답만 외우는 화물운송종사자격
190×260 | 15,000원

CBT 기출문제 + 모의고사 14회

- ✓ 합격키워드만 정리한 핵심요약집 **빨간키**
- ✓ 문제를 보면 답이 보이는 **기출복원문제**
- ✓ 해설 없이 풀어보는 **모의고사**
- ✓ CBT 모의고사 **무료 쿠폰**

답만 외우는 한식조리기능사
190×260 | 17,000원

답만 외우는 양식조리기능사
190×260 | 17,000원

답만 외우는 제과기능사
190×260 | 17,000원

답만 외우는 제빵기능사
190×260 | 17,000원

답만 외우는 미용사 일반
190×260 | 23,000원

답만 외우는 미용사 네일
190×260 | 19,000원

답만 외우는 미용사 피부
190×260 | 20,000원

답만 외우는 미용사 메이크업
190×260 | 23,000원

※ 도서의 이미지와 가격은 변경될 수 있습니다.

안전보건표지의 종류와 형태

1. 금지표지	101 출입금지	102 보행금지	103 차량통행금지	104 사용금지	105 탑승금지	106 금연
	107 화기금지	108 물체이동금지	**2. 경고표지**	201 인화성물질경고	202 산화성물질경고	203 폭발성물질경고	204 급성독성물질경고
	205 부식성물질경고	206 방사성물질경고	207 고압전기경고	208 매달린물체경고	209 낙하물경고	210 고온경고	211 저온경고
	212 몸균형상실경고	213 레이저광선경고	214 발암성·변이원성·생식독성·전신독성·호흡기과민성 물질 경고	215 위험장소경고	**3. 지시표지**	301 보안경착용	302 방독마스크착용
	303 방진마스크착용	304 보안면착용	305 안전모착용	306 귀마개착용	307 안전화착용	308 안전장갑착용	309 안전복착용
	4. 안내표지	401 녹십자표지	402 응급구호표지	403 들것	404 세안장치	405 비상용기구	406 비상구
	407 좌측비상구	408 우측비상구	**5. 관계자외 출입금지**	501 허가대상물질 작업장 관계자외 출입금지 (허가물질 명칭) 제조/사용/보관 중 보호구/보호복 착용 흡연및음식물 섭취금지	502 석면취급/해체 작업장 관계자외 출입금지 석면취급/해체 중 보호구/보호복 착용 흡연및음식물 섭취금지	503 금지대상물질의 취급 실험실 등 관계자외 출입금지 발암물질 취급 중 보호구/보호복 착용 흡연및음식물 섭취금지
	6. 문자추가 예시문	휘발유화기엄금				